Güncem Özgün Eren

Arşiv Belgelerinin Korunmasında Yeni Yaklaşımlar: Nanoteknoloji

Güncem Özgün Eren

Arşiv Belgelerinin Korunmasında Yeni Yaklaşımlar: Nanoteknoloji

Türkiye Alim Kitapları

Impressum / Künye
Bibliografische Information der Deutschen Nationalbibliothek: Die Deutsche Nationalbibliothek verzeichnet diese Publikation in der Deutschen Nationalbibliografie; detaillierte bibliografische Daten sind im Internet über http://dnb.d-nb.de abrufbar.

Deutsche Nationalbibliothek tarafından yayınlanan bibliyografik bilgiler: Deutsche Nationalbibliothek, bu yayını Deutsche Nationalbibliografie'de listeler; detaylı bibliyografik bilgi İnternet'te http://dnb.d-nb.de sitesinde mevcuttur.

Coverbild / Kitap kapağı resmi: www.ingimage.com

Verlag / Yayıncı:
Türkiye Alim Kitapları
ist ein Imprint der / yayınevinin bir ticari markasıdır
OmniScriptum GmbH & Co. KG
Bahnhofstraße 28, 66111 Saarbrücken, Deutschland / Almanya
Email / E-posta: info@omniscriptum.com

Herstellung: siehe letzte Seite /
Basım yeri: son sayfaya bakın
ISBN: 978-3-639-81383-8

ARŞİV BELGELERİNİN KORUNMASINDA YENİ BİR YAKLAŞIM: NANOTEKNOLOJİ

ÖNSÖZ

Araştırmalarım boyunca desteklerini esirgemeyen Prof. Dr. Figen KAYA başta olmak üzere Prof. Dr. Cengiz KAYA, Arş. Gör. Cansu NOBERİ, Dr. Ali Can Zaman, Doç. Dr. Aysel Kantürk FİGEN ve Yüksek Mühendis Bilge Coşkuner FİLİZ'e; ayrıca Süleymaniye Kütüphanesi'nin değerli çalışanları ile Prof. Dr. Gönül TEKİN'e teşekkürü bir borç bilirim.

Mayıs, 2016

Güncem Özgün EREN

İstanbul, Yıldız Teknik Üniversitesi, 2015

İÇİNDEKİLER

SİMGE LİSTESİ

Vc	Kritik Voltaj
H	Kapiler ve Toplayıcı Arası Mesafe
R	Yarıçap
L	R Yarıçaplı Kapilerin Uzunluğu
Γ	Sıvının Yüzey Gerilimi

KISALTMA LİSTESİ

AA	Asetik Asit
Ag	Gümüş
AgCl	Gümüş Nitrat
DD	Deasetilasyon Derecesi
EG	Etilen Glikol
PVA	Polivinil Alkol
ROS	Reaktif Oksijen Grupları
CS	Kitosan

ŞEKİL LİSTESİ

Sayfa

ÇİZELGE LİSTESİ

Sayfa

SUNUŞ

Arşiv belgelerinin karşılaştığı pek çok sorun vardır. Bu sorunlar fiziksel ve kimyasal etkiler ile biyolojik etkenler olarak ifade edilebilir. Fiziksel etkenlere örnek olarak kağıdın yıpranması, yırtılması; kimyasal etkenlere örnek olarak da mürekkep içerisindeki geçiş metallerinin[1] , özellikle demir ve bakır, mevcudiyetidir. Geçiş metallerinin kağıdı oluşturan selüloz yapısını zamanla parçaladığı yapılan araştırmalar ile anlaşılmıştır. Biyolojik etkenlere ise özellikle mantarlar ilk sırada yer almasının yanında, bakteriler de örnek verilebilir. Bahsi geçen bu organik yapılar da kağıdın yapısını bozmakta; zamanla çürümesine sebebiyet vermektedir.

Nano yapıların muhtelif alanlarda kullanımı mevcuttur. Bu alanlardan biri de tarihi eserleri koruma olarak ifade edilebilir. Özellikle gümüş, nano boyuta indirgendiğinde eşsiz özelliklere sahip bir yapıya dönüşmektedir. Ancak arşiv belgelerinin korunması üzerine yapılan çalışmalar nanoteknoloji alanında kısıtlı bir literatüre sahiptir[2] .Gerçekleştirilen çalışmalarda gümüş nanopartikülleri antibakteriyel ve antimikrobiyal koruma amaçlı kullanılmıştır. Yöntem olarak irdelenecek olursa, Polonya'da yapılan bir çalışma üzerinde durulması yerinde olacaktır[3]. Bu çalışmada patenti alınmış bir cihaz vasıtasıyla farklı yüzyıllara ait kâğıt eserler üzerine buhar püskürtme yöntemi ile gümüş nanopartikülleri emdirilmiştir. Ancak buhar püskürtme yönteminin kullanılması kâğıt eserler üzerinde yıpranmaya sebebiyet vermektedir. Bunun nedeni yüksek sıcaklıkta bulunan buharın eserlerde mevcut olan mürekkep üzerinde olumsuz etki yaratmasıdır.

---

1 Kolar, J. , Pihlar, B. , Strlic, M. and Selih, V. S. , (2007), 'The Role Of Transition Metals In Oxidative Degradation Of Cellulose', Polymer Degradation and Stability, 92: 1476-1481

2 Li, Q. , Xi, S. , and Zhang, X. , (2013) 'Conservation Of Paper Relics By Electrospun PVDF Fiber Membranes'; Journal of Cultural Heritage

3 Gliscinska, E. , Gutarowska, B. , Kozirog, A. , Rembisz, D. , Skora, J. , Szynkowska, M. and Zduniak, K. , (2012) 'Optimization and Application Of The Misting Method With Silver Nanoparticles For Disinfection Of The Historical Objects', International Biodeterioration and Biodegradation, 167-175

2013 yılında Çin'de yapılan bir çalışma, eserler üzerinde gerçekleştirilecek korumanın daha iyi neticeler verdiğini göstermektedir. Bu çalışmada elektrospinning yöntemi kullanılarak, temin edilen bazı eski eserler üzerine polivinilidin florür (PVDF) nano fiberleri biriktirilmiştir[4].

Kitosan, deniz kabuklularında bulunan kitinin bir türevidir. Bu doğal polimer, nano boyuta indirgendiğinde gümüş gibi anti bakteriyel ve antifungal etki göstermektedir. Elektrospinning yöntemi, özellikle kaplama alanında çok tercih edilen bir uygulamadır. Elektrik alanı kullanarak kaplama yapılma esasına dayanan bu yöntem ile farklı malzemeler kaplanabilmektedir. Son yıllarda yapılan çalışmalar, elektrospinning yöntemi kullanılarak arşiv belgeleri üzerinde de kaplama yapılabileceğini göstermiştir[5].

Yapılan araştırmada solvotermal yöntem kullanılarak anti-bakteriyel gümüş nano tel üretimi ile gümüş nano partikül takviyeli kitosan polimeri üretimi anlatılmış; püskürtme, daldırma ve elektrospinning yöntemleri ile eski bir eser üzerine uygulama çalışmalarına değinilmiştir.

Anahtar Kelimeler: Gümüş Nanotel, Kitosan Polimeri, Arşiv Belgeleri

Güncem Özgün Eren

4 Li, Q. , Xi, S. , ve Zhang, X. , (2013) 'Conservation Of Paper Relics By Electrospun PVDF Fiber Membranes'; Journal of Cultural Heritage

5 Cabrita, E. J. , Macedo, M. F. and Sequeira, S. , (2012) 'Antifungals On Paper Conservation: An Overview', International Biodeterioration and Biodegradation, 67-86

ARŞİV BELGELERİNİN KORUNMASINDA YENİ BİR YAKLAŞIM: NANOTEKNOLOJİ

BÖLÜM 1

KÂĞIDIN TARİHÇESİ VE YAPISI

Bu bölümde ilk olarak kâğıdın tarihçesi anlatılmış, ardından yapısı, zararlı etmenler ve koruma yöntemleri üzerinde durulmuştur.

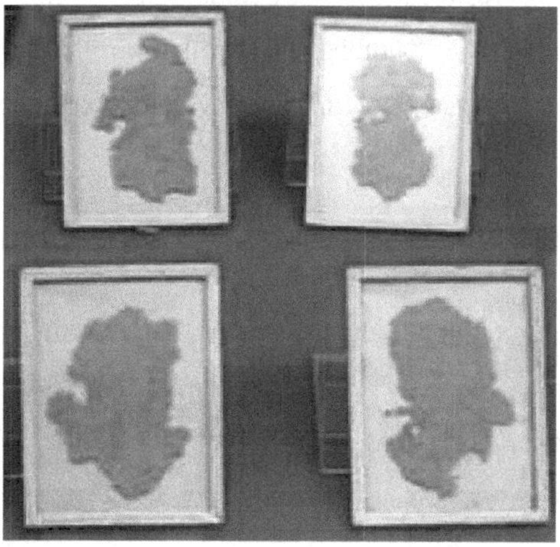

Şekil 1.1 Kâğıdın Çin'de bulunan ilk örnekleri [7]

1.1. Tarihçe

İnsanoğlunun yazıyı keşfi Mezopotamya bölgesinde olup, M.Ö. 4 binli yıllara tekabül etmektedir. Bu keşfin ardından edebî eserler, günlükler, tedavi yöntemleri gibi şaşırtıcı derecede etkileyici belgeler günümüze kadar kalmıştır[6]. Bahsi geçen eserler gibi pek çok belge önceleri taşlar olmak üzere kil tablet, deri parçaları, hattâ kabuklu canlıların kabuklarının üzerlerine yazılmıştır. Kısacası ilk zamanlarda hemen her türlü objeyi yazı yüzeyi olarak kullanmaya başlamışlardır[7].

6 Çığ, M. İ. , Uygarlığın Kökeni Sümerliler, Kaynak Yayınları

7 İlden, S. , (2009), 'Tahrip Olmuş El Yazmalarının Onarım ve Tedavi Teknikleri', Uşak Üniversitesi Sosyal Bilimler Dergisi, 2/1: 65-87

M.S. 2. Yüzyılda Çin'de Tsa'i Lun tarafından yapılan bir başka keşif ile de Şekil 1.1'de verildiği üzere günümüzün en önemli yazma malzemesi olan kâğıt bulunmuştur[8].

Yazının bulunmasıyla ortaya çıkan pek çok belge ve eserin muhafazası için bitki suyu ile yıkama, çeşitli kutu veya torbalar içinde saklama gibi yöntemler denenmiştir[9]. Fakat konservasyon ve restorasyon alanlarında yapılan ilk ciddî çalışmalar 19. Yüzyılda yaşamış olan Vatikan Kütüphanesi kardilani Franz Ehrle'ye aittir[10]. Kâğıdın bozunma nedenleri ve koruma yöntemlerini incelemeden önce yapısına değinmek yerinde olacaktır.

1.2. Kâğıdın Yapısı

Kâğıdın ana bileşenini selüloz oluşturmaktadır. Bunun dışında talk, kaolin gibi mineraller ve hayvan ya da bitki esaslı renklendiriciler bulunmaktadır. Kimyasal yapısı ve optik mikroskop görüntüsü Şekil 1.2 ve Şekil 1.3'de verilmektedir[11].

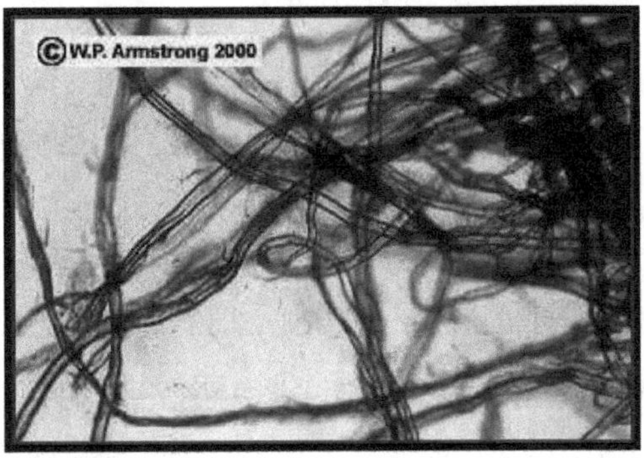

Şekil 1.2 Selüloz fiberlerinin ağ örgüsüne ait optik mikroskop görüntüsü [11]

8 Bloom, (2003), 34-35, Cumbur, (1987), 83

9 İlden, S. , (2009), 'Tahrip Olmuş El Yazmalarının Onarım ve Tedavi Teknikleri', Uşak Üniversitesi Sosyal Bilimler Dergisi, 2/1: 65-87

10 Kathpalia, 1990, 36-45

11 Martuscelli, E. , ' The Chemistry Of Paper Conservation', Via Francesco Giordani 23-80122, Naples, Italy

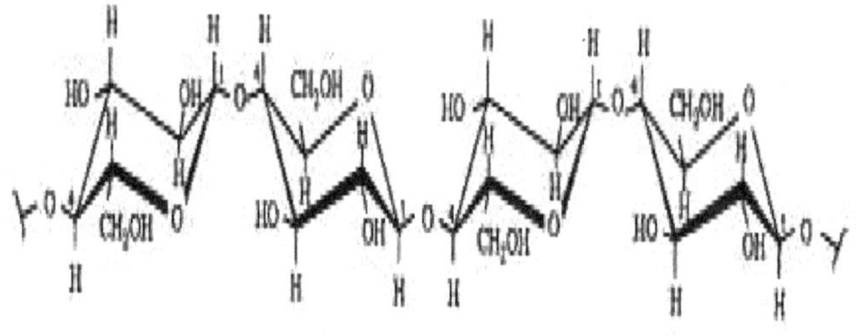

Şekil 1.3 Selülozun kimyasal yapısı [11]

Teferruata inilecek olursa; selüloz zincirlerini bir arada tutan hidrojen bağlarıdır. Selüloz makro moleküllerinin 2 farklı düzenlenmiş biçimine bağlı olarak yapı içerisinde hem kristalin hem de amorf bölgeler mevcuttur. Kristalin bölge sertliğe kısmen yardımcı olurken amorf bölge düzensiz dizilişinden dolayı esnek bir yapıya sahiptir ve nemi kolaylıkla emebilmektedir[12]. Bahsi geçen bu bölgeler Şekil 1.4'de verilmiştir.

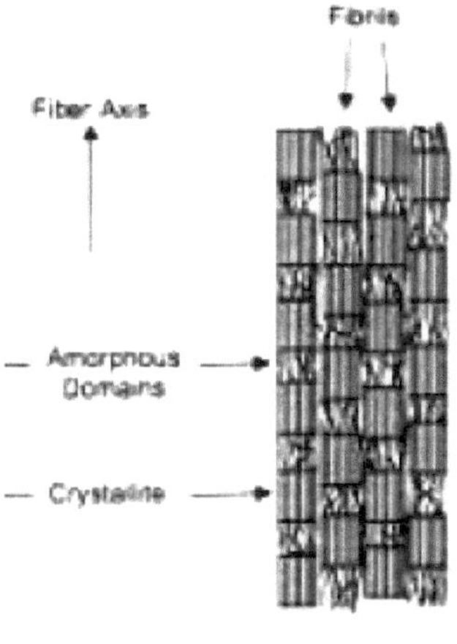

Şekil 1.4 Selüloz zincirlerindeki amorf ve kristalin bölgeler [12]

12 Martuscelli, E. , ' The Chemistry Of Paper Conservation', Via Francesco Giordani 23-80122, Naples, Italy

1.3. Kâğıdın Bozunma Nedenleri

Temel olarak kâğıdın bozunmasına neden olan 3 ana etken vardır. Bunlar biyolojik, fiziksel ve kimyasal olarak sıralanabilir.

1.3.1. Biyolojik Etkenler

Başta mantarlar olmak üzere, bakteriler, böcekler ve kemirgenler gibi canlıların sebebiyet verdiği etkenlerdir. Bu canlılar selüloz yapısını bozarak, ya da tamamen tüketerek, kâğıtta parçalanmalara, renk değişimlerine neden olmaktadırlar. Tüm bu biyolojik etkenlerin üremesindeki en etkili sebep eserlerin içerisinde bulundukları nem oranlarıdır. Ortamın neminde ve sıcaklığında belirlenen en düşük değerlerin bile mantarların üremesini tamamen durdurmadığı tespit edilmiştir. Bunun nedeni mantarların kâğıt üzerinde salgıladıkları bazı salgılar sonucu, ki buna gliserin, keton, aldehit örnek gösterilebilir, nem oranının artması; neticesinde ise oksitlenmeye bağlı olarak serbest radikallerin ve peroksitlerin oluşmasıdır[13].

1.3.2. Kimyasal Etkenler

Kâğıdın ana yapısı, daha önce de belirtildiği üzere, selülozdan teşekkül etmiştir. Kimyasal etkenlerin sebebiyet verdiği reaksiyonlar sonucu selüloz zincirleri parçalanmakta ve çeşitli radikal grupları serbest kalmaktadır. Bu radikal grupların bulundukları ortam ile etkileşimi karboksil ve keton gibi grupların oluşmasına neden olmaktadır.

---

13 Cabrita, E. J. , Macedo, M. F. and Sequeira, S. , (2012) 'Antifungals On Paper Conservation: An Overview', International Biodeterioration and Biodegradation, 67-86

Esas itibariyle kimyasal bozunmaya neden olan 2 faktör vardır:

- Asit katalizli hidroliz
- Oksidasyon[14]

Sözü edilen bu kimyasal etkiler çeşitli yollarla kâğıtta bulunabilmektedir ve şu şekilde sıralanmaktadır;

- Üretim esnasında oluşan sülfat ve hekzaakuaalüminyum $[Al(H_2O)_6]^{3+}$ iyonlarının birleşmesi ve reaksiyon sonucu hidrojen iyonunun meydana çıkması

- **$[Al(H_2O)_6]^3 + H_2O \leftrightarrow [Al(OH)(H_2O)_5]^2 + H_3O$**

- Eserin bulunduğu ortam sonucunda nitrik asit ve hidroksil gruplarının oluşması

- **$3NO_2 + H_2O \rightarrow 2HNO_3 + NO$**
- **Selüloz–$CH_2OH + 2NO_2 \rightarrow$Selüloz–$COH + 2NO + H_2O$**

- Yine aynı şekilde bulunduğu ortamdaki kirlilik sebebiyle sülfür dioksit oluşumu.

1.3.2.1. Demir (Fe) ve Bakırın (Cu) Etkisi

Eserlerde kullanılan mürekkepler 2 farklı metal ihtiva etmektedir. Bu farklılık toplumlarda değişiklik gösterebilmektedir. Örneğin İslamî coğrafyada kullanılan mürekkepler daha çok demir (Fe) esaslıdır.

---

14 Seery, M. , (March 2013), 'Saving Paper', Education In Chemistry

Bu elementlerin selüloz üzerindeki etkileri ciddî sonuçlar doğurmaktadır [15],[16]. Bunun nedeni Fe ve Cu metallerinin selüloz içerisinde katalitik davranması, buna bağlı olarak hidroksil (HO^-) radikallerinin oluşmasıyla birlikte organik yapıları parçalanmasına dayanmaktadır[17].

Fe metalinin oluşturduğu reaksiyon aşağıda verilmiştir.

$$\mathbf{Fe^{+2} + H_2O_2 \rightarrow Fe^{+3} + OH^- + HO^-}$$ [18]

Fe ve Cu' nun selülozik yapılar içerisinde bulunması gereken oranlar Çizelge 1.1'de verilmiştir.

Çizelge 1.1- Fe ve Cu metallerinin selüloz içerisinde bulunması gereken miktarları [17]

Örnek	Fe içeriği	Cu içeriği	n_{Cu}/n_{Cu+Fe}
Fe	3.11 ± 0.02	<0.14	0
FeFeCu	2.23 ± 0.02	0.34 ± 0.02	0.13
FeCu	2.04 ± 0.02	1.63 ± 0.02	0.44
FeCuCu	1.96 ± 0.02	2.44 ± 0.02	0.55
Cu	0.94 ± 0.02	5.93 ± 0.02	0.86

Bu elementlerin etkisini daha iyi anlayabilmek için Şekil 1.5'i incelemek gerekecektir.

15 L. Laguardia, E. Vassallo, F. Cappitelli, E. Mesto, A. Cremona, C. Sorlini and G. Bonizzoni, (2005), Appl. Surf. Sci., 252 1159–1166

16 E. Franceschi, (2011), J. Therm. Anal. Calorim., 104 527–539

17 Kolar, J. , Pihlar, B. , Strlic, M. and Selih, V. S. , (2007), 'The Role Of Transition Metals In Oxidative Degradation Of Cellulose', Polymer Degradation and Stability, 92: 1476-1481

18 Kolar, J. , Pihlar, B. , Strlic, M. and Selih, V. S. , (2007), 'The Role Of Transition Metals In Oxidative Degradation Of Cellulose', Polymer Degradation and Stability, 92: 1476-1481

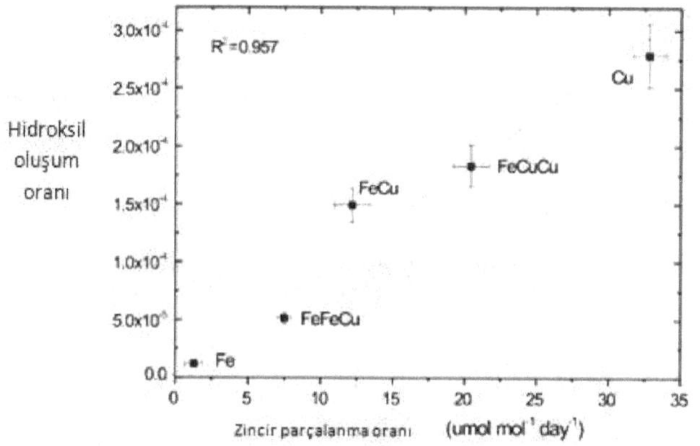

Şekil 1.5 Fe ve Cu metallerinin oranlarına bağlı olarak zincirlerdeki parçalanma [19]

Görüleceği üzere metalin karakteristik özelliğine bağlı olarak oluşan hidroksil radikallerinin oranı ve selüloz zincirlerinin parçalanması doğru orantılıdır[19],[20].

1.3.3. Fiziksel Etkenler

Bu etkenler, ışık, ısı ve nem başta olmak üzere insan menşei diğer faktörler de olabilir. Fiziksel etkilerin neden olduğu değişimler kâğıt üzerinde fotokimyasal reaksiyonlara bağlı olarak sararmalardır.

1.4. Kâğıt Onarım ve Koruma İçin Kullanılan Yöntemler

Onarım ve koruma uygulamaları 2 kısımda incelenebilir;

- Fiziksel Koruma
- Kimyasal Koruma
-

---

19 Kolar, J. , Pihlar, B. , Strlic, M. and Selih, V. S. , (2007), 'The Role Of Transition Metals In Oxidative Degradation Of Cellulose', Polymer Degradation and Stability, 92: 1476-1481

20 İlden, S. , (2009), 'Tahrip Olmuş El Yazmalarının Onarım ve Tedavi Teknikleri', Uşak Üniversitesi Sosyal Bilimler Dergisi, 2/1: 65-87

1.4.1. Fiziksel Koruma

Bu işlem için ilk olarak eserler üzerindeki toz, kir, yağ gibi lekeler vakumlu çeker ocaklar altında çıkarılmaktadır. Lekelerin çıkarılması için fırçalar kullanılır. İşlem hızını arttırmak amaçlı elektrik süpürgesi de tercih edilebilir[21]. Yapılan yüzey temizliğine dair görüntüler Şekil 1.6[22] ve Şekil 1.7'de verilmiştir[23].

Şekil 1.6 Fırça ile yüzey temizleme işlemi [22]

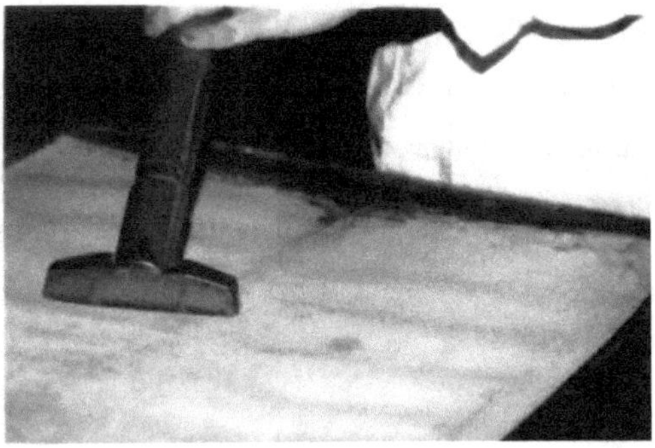

Şekil 1.7 Elektrik süpürgesi ile yapılan temizlik çalışması [23]

21 İlden, S. , (2009), 'Tahrip Olmuş El Yazmalarının Onarım ve Tedavi Teknikleri', Uşak Üniversitesi Sosyal Bilimler Dergisi, 2/1: 65-87

22 T.C. Çevre v Şehircilik Bakanlığı, Tapu ve Kadastro Genel Müdürlüğü

23 İlden, S. , (2009), 'Tahrip Olmuş El Yazmalarının Onarım ve Tedavi Teknikleri', Uşak Üniversitesi Sosyal Bilimler Dergisi, 2/1: 65-87

Fırça işleminin ardından yumuşak lastik veya hamur silgiler vasıtasıyla kalem izleri, yüzey kiri, sunî kirlenmeler giderilebilir. Tüm bu temizleme işlemleri sadece kuru olarak değil, aynı zamanda sulu olarak da yapılabilir.

Temizleme işlemlerinin ardından tamirat kısmında aşırı derecede zarar görmüş bölümlere Japon kâğıdı veya ipek kâğıdı yapıştırılır. İpek kâğıdı ile onarım Şekil 1.8' de verilmiştir[24].

Şekil 1.8 İpek kâğıdı ile onarım [24]

Japon kâğıdı ya da ipek kâğıdı ile yırtık, parçalanmış kısımların doldurulması sonrası laminasyon işlemine tâbi tutulur. Kâğıt tamiratında kullanılan en eski ve yaygın teknik olan laminasyon, yüzeyi kir ve tozdan temizlenmiş, arınık ve deasidifikasyon işlemleri tamamlanmış kâğıtların ipek kâğıdı, selüloz asetat veya benzeri sentetik yapraklarla sıcak kaplanması demektir. Bu yöntem 2 kısımda incelenebilir; makine ile yapılan ve el ile yapılan işlemdir. Laminasyon işlemi Şekil 1.9' da verilmiştir[24].

---

24 İlden, S. , (2009), 'Tahrip Olmuş El Yazmalarının Onarım ve Tedavi Teknikleri', Uşak Üniversitesi Sosyal Bilimler Dergisi, 2/1: 65-87

Şekil 1.9 Laminasyon İşlemi [24]

Ayrıca gama ışıması, ultraviole ışıması gibi yöntemler de fiziksel korumada kullanılan yöntemlerdendir. Ancak bu uygulamaların kâğıt üzerinde olumsuz etkileri fazla olduğundan tercih edilmemeye özen gösterilmelidir[25].

1.4.2. Kimyasal Koruma

Bu işlem için muhtelif kimyasallar kullanılmaktadır. Temel olarak alkoller, fenoller, bazı selüloz türevleri, amonyum tuzları, alkali ajanları şeklinde sınıflandırılabilir. Tüm bu kimyasallar içinde en etkili olanı %70 oranında etil alkoldür[26].

Etil alkolü diğer kimyasallardan ayıran ve kullanılmasında tercih edilen bazı özellikleri mevcuttur. Bunlar, eser üzerinde herhangi bir zehirli kalıntı bırakmaması, uçucu olması olarak ifade edilebilir.

---

25 Cabrita, E. J. , Macedo, M. F. and Sequeira, S. , (2012) 'Antifungals On Paper Conservation: An Overview', International Biodeterioration and Biodegradation, 67-86

26 İlden, S. , (2009), 'Tahrip Olmuş El Yazmalarının Onarım ve Tedavi Teknikleri', Uşak Üniversitesi Sosyal Bilimler Dergisi, 2/1: 65-87

Diğer kimyasallar ise anti bakteriyel ve anti fungal özellik göstermelerine rağmen kâğıt eserlerin mekanik dayanımını düşürmekte, aynı zamanda oksidasyon ile birlikte renk değişimine sebebiyet vermektedir[27].

Etil alkolün eserler üzerine uygulanış biçimi de çeşitlilik göstermektedir. Fırçalama, püskürtme, silme ve daldırma yöntemleri olarak tasnif edilebilir.

27 Cabrita, E. J. , Macedo, M. F. and Sequeira, S. , (2012) 'Antifungals On Paper Conservation: An Overview', International Biodeterioration and Biodegradation, 67-86

BÖLÜM 2

NANOTEKNOLOJİ VE NANO YAPILAR

Nanoteknoloji, nanometre ölçeğindeki malzemelerin tasarımı, üretimi, montajı, karakterizasyonu ve bu malzemelerden elde edilmiş minyatür fonksiyonel sistemlerin uygulamalarını inceleyen ve hızla gelişen disiplinler arası araştırma-geliştirme faaliyetlerinin tümünü temsil etmektedir. Bu bölümde tek boyutlu yapılar ile oluşum mekanizmalarına değinilmektedir.

2.1. Nanoteknoloji ve Uygulama Alanları

- Malzeme ve imalat sektörü
- Tarihi eserleri koruma
- Nano elektronik ve bilgisayar teknolojileri
- Tıp ve sağlık sektörü
- Havacılık ve uzay araştırmaları
- Çevre ve enerji
- Biyoteknoloji ve tarım
- Savunma sektörü

2.2. Nano Yapılar

Pek çok üretim yöntemi kullanılarak farklı morfolojilere sahip nano yapılar üretilebilmektedir. Bu nano yapılar tek boyutlu, iki boyutlu ya da üç boyutlu olabilmektedir.

2.2.1. Bir Boyutlu Nano Yapılar

Enine boyutu nanometre büyüklüklerinde sınırlanmış fakat boyuna boyutu sınırlanmamış olan yapılar olarak tanımlanır. Bir boyutlu nano yapılara nano teller, nano lifler, nano tüpler örnek verilebilir.

2.2.1.1. Nanolifler

Genel olarak nano lifler için çapı 1 mikron ve altındaki lifler tanımı tercih edilmiştir.

2.2.1.1.1.Nanoliflerin Özellikleri

Nanoliflerin özellikleri şu şekilde özetlenebilir;

- Yüksek mekanik özelliğe ve esnekliğe sahiptir.
- Mikroorganizmalara ve küçük parçacık geçişine karşı iyi bir bariyerdir.
- Birim ağırlığında iyi mukavemet gösterirler.
- Direkt yüzey kaplamalarında fonksiyonel davranışlar sergiler.
- Oda sıcaklığında kuvvetli, basit sermaye donanımıyla üretilmektedir.
- Üretim için düşük enerji gerekir.
- Ağırlığına oranla yüksek yüzey alanına sahiptirler.
- Sıkı gözenek yapısı vardır.
- Pürüzsüzdür ve kaplama özelliğine sahiptirler.

2.2.1.1.2. Nanoliflerin Kullanım Alanları

Polimerik nanoliflerin kullanım alanları genel olarak Şekil 2.1' de gösterilmiştir[28].

28 Polimerleri Özelliklerine Göre Sınıflandırma, Kimya Teknolojisi, T.C. Milli Eğitim Bakanlığı

Şekil 2.1 Polimerik nanoliflerin kullanım alanları [28]

2.2.1.1.3. Nanolif Üretim Metodları

Polimer esaslı nanolifler birçok farklı teknik kullanılarak üretilebilmektedir. Bu yöntemler aşağıda maddeler halinde verilmiştir.

➢Fibrilasyon Yöntemi İle Nanolif Üretimi

➢Biokomponent Yöntemi İle Nanolif Üretimi

➢Eriyikten Lif Çekim Yöntemi İle Nanolif Üretimi

➢Elektrospinning Yöntemi İle Nanolif Üretimi

2.2.1.2.Nanoteller ve Nanorodlar

Bir nanotel, enine boyutu nanometre büyüklüklerinde sınırlanmış fakat boyuna boyutu sınırlanmamış olan yapılar olarak tanımlanır. Tipik olarak, nanotellerin uzunluğunun çapına oranı (görünüş oranı) 1000 veya daha fazladır. Bu nedenle de bir-boyutlu maddeler olarak bilinirler. Nanorodlar ise çapları daha geniş; ayrıca uzunlukları sınırlandırılmış tek boyutlu nano yapılardır.

Metalik ve yarı-iletken malzemelerin nanotel ve nanorodları, eşsiz fiziksel özelliklerinden dolayı pek çok araştırma için ilgi çekicidir. Nanoteller ve nanorodlar, nanoteknoloji alanında çalışan araştırmacıların ön planda tuttukları konulardır. Tipik olarak nanoteller ve nanorodlar tek kristal ve yüksek anizotropiye sahiptirler. Nanotellerin ve nanorodların kesit görünümleri düzgün yapıdadır. Kimyasal içerik, uzunluk ve büyüme doğrultularını kapsayan anahtar parametreler nanotellerin ve nanorodların kontrollü bir şekilde büyümelerine olanak vermektedir.

2.2.1.3. Nanotüpler

Çeşitli kalsinasyon sıcaklıklarında sentezlenen içi boş, tek boyutlu nano yapılardır. İçi boş metal nano yapılar eşsiz katalitik, manyetik, elektronik ve optik özellikleri sebebiyle geniş ölçüde araştırılmaktadır. Özellikle, metal nanotüplerin geniş yüzey alanı, duvar kalınlıklarının kontrol edilebilmesiyle istenilen kazandırma gibi çeşitli üstünlükleri ön plana çıkmalarını sağlamaktadır. Metal nanotüpler; sensörler, askeri uygulamalar, katalizler gibi çeşitli uygulamalarda tercih edilmektedir[29].

2.2.1.4.Nano Yapıların Büyüme Mekanizması-Ostwald Olgunlaşması

Nano yapıların büyüme mekanizması ile ilgili her ne kadar günümüzde pek çok teori ortaya atılsa da en kabul görür olanı Ostwald Olgunlaşması'dır.

Çekirdeklenme mekanizmasına baktığımızda homojen ve heterojen çekirdeklenme olmak üzere iki kısıma ayrıldığını görmekteyiz. Nano yapılarda homojen çekirdeklenme olması için termodinamik açıdan nano partikülün toplam serbest enerjisi, yüzey serbest enerjisi ile kütle serbest enerjisinin toplamına eşit olmalıdır. Ancak nano yapılar aksi şekilde yani heterojen büyüme göstermektedirler. Bahsedildiği üzere bu şekilde büyüme göstermelerinin sebebi termodinamik koşullardır[30].

---

29 İpeksaç, T. , (2012), Çeşitli Metal Oksit Nanotüplerin Sentezi ve Uygulamaları, Yüksek Lisans Tezi, Yıldız Teknik Üniversitesi, Fen Bilimleri Enstitüsü, İstanbul, sayfa 33-34

30 Maclean, N. , Mahiddine, S. and Thanh, N. T. K. , (2014), 'Mechanisms of Nucleation and Growth of Nanoparticles In Solution' , American Chemical Society

Ostwald olgunlaşmasına değinecek olursak; aşırı doymuş bir katı çözeltinin sıcaklığı düşülerek yeni fazın çökelmesi sağlandığında, oluşan bu yeni fazın tek bir büyük parçacık olarak değil, anafaz içinde dağılmış çok sayıda ufak çökeltiyle kendini göstermeye başladığı anlaşılmaktadır.

Dönüşümün birçok farklı noktada başlaması, farklı konumlarda çekirdeklenen bu ufak çökeltilerin, aşırı doymuş katı çözeltinin konsantrasyonunda hızlı bir azalma olmasından kaynaklanmaktadır. Aşırı doymuş çözeltiden ayrılmak isteyen çözünmüş atomların tek bir büyük parçacığa doğru yayılmaları uzun zaman gerektireceğinden dönüşümün birçok farklı konumda ufak çökeltiler şeklinde çekirdeklenmesi süreci kısaltmakta yani kinetik açıdan avantaj sağlamaktadır. Tek bir büyük çökelti yerine birçok küçük çökeltinin oluşması kinetik açıdan avantajlı olmasına rağmen, sürece enerji perspektifinden baktığımızda, daha avantajlı durumun küçük çökelti yerine büyük parçacık oluşması gerektiği görülmektedir. Çünkü çökeltinin boyutları küçüldükçe, hacmine kıyasla daha çok yüzey alanına sahip olacaktır. Yüzey alanı/hacim oranının yüksek olması da çökeltinin yüzeyinde iç kısımlara kıyasla yüksek atom miktarına sahip olduğu anlamına gelmektedir. Bu da, özellikle anafaz ve çökelti arasındaki ara yüzeyin bağdaşmaz niteliğe sahip olduğu yani çökeltinin daha kararsız bir durumda olmasına neden olmaktadır. Dolayısıyla; çökelmenin başlangıcında çok sayıda ufak çökelti oluşması dönüşümün kolay başlamasını sağlamasına rağmen, ki bu da kinetik avantajdır, uzun vadede termodinamik yasa gereği sistem daha büyük parçacıklar oluşmasına sebebiyet vermektedir. Bu nedenle çökeltilerin büyümesi bu şekilde ilerlemekte, küçük çökeltiler anafaz içinde tekrar çözünürken büyük çökeltiler çözünen çökeltilerden gelen atomların katılımıyla büyümeye devam etmektedir. Bu tarz büyüme Şekil 2.2'de gösterildiği üzere Ostwald Olgunlaşması olarak adlandırılmaktadır[31].

---

31 Dellago, C. , Fanf, Y. , Wang, B. , Wang, P. , Wang, Y. and Zhou, Q. , (2013) ' Nanoparticle Based Crystal Growth Via Multistep Self-Assembly', The Royal Society Of Chemistry

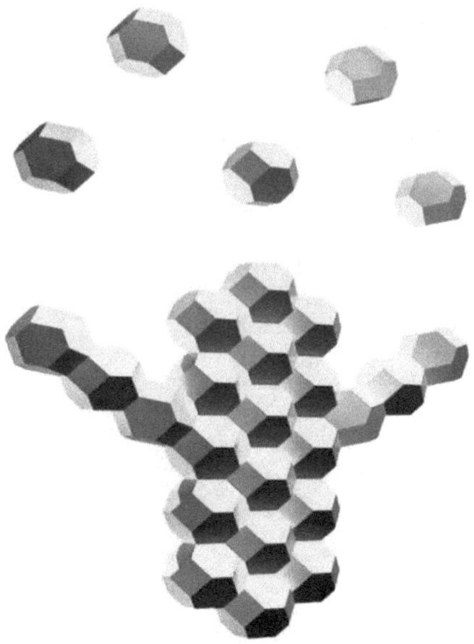

Şekil 2.2 Ostwald olgunlaşması ile büyüyen gümüşe ait görüntü [31]

2.3. Bir Boyutlu Nano Yapıların Oluşum Mekanizmaları

Nano yapıların üretiminde, solvotermal, hidrotermal, sol-jel gibi pek çok yöntem kullanılmaktadır. Bu yöntemler esnasında başlangıç malzemeleri olarak bazı sürfaktantlar, indirgeyiciler tercih edilmektedir. İşlemler neticesinde sadece küresel formda değil; ayrıca tel, rod, geometrik formlar gibi farklı morfolojilere sahip nano yapıların üretilebildiği görülmektedir. Nano yapılarda termodinamik açıdan kararlı olan formda yani küresel formda oluşma eğilimindedir. Ne var ki; kullanılan sürfaktant, sıcaklık, pH gibi parametreler dışında metalin doğası gereği sahip olduğu bazı özellikleri de nano yapıların küresel değil, tel, rod veya çok daha farklı morfolojilerde oluşmasına sebebiyet vermektedir.

Altın (Au), bakır (Cu), gümüş (Ag) ve çinko (Zn) gibi metallerin sahip olduğu bu özellik 'Beşli İkizlenme' (Fivefold Twinned) olarak isimlendirilmektedir.

İkizlenme, bilindiği üzere bir kristal yapının sahip olduğu bir düzlemin iki tarafında simetrik iki farklı yönelim göstermesiyle teşekkül etmektedir. 'Fivefold Twinning' mekanizması kübik yüzey merkezli geçiş metallerinde sık görülen bir hadisedir[32]. Bu ikizlenme mekanizması, çekirdeklenme olayında tetrahedra alt birimlerinin oluşmasında etkilidir. Bu alt birimler Şekil 2.3' de verilmiştir. Tetrahedranın oluşturduğu kompozisyonlar da dekahedron ve ikosahedrondur ve bu kompozisyonlar Şekil 2.4' de verilmiştir[33].

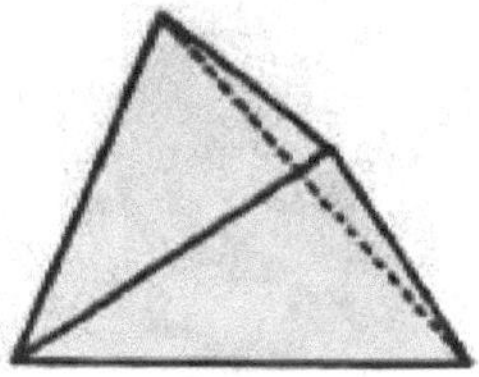

Şekil 2.3 Tetrahedra yapısına ait görüntü [33]

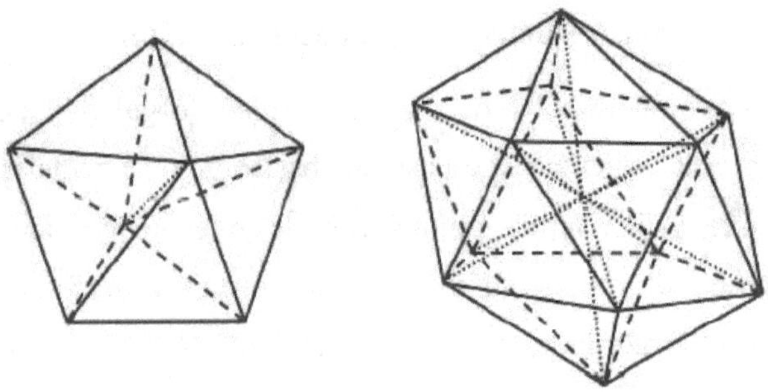

Şekil 2.4 Düzenli tetrahedraların birleşmesi ile oluşan dekahedron (a) ve ikosahedron yapıları (b) [33]

---

32 Hofmeister, H. , (2004), 'Fivefold Twinned Nanoparticles', Max Planck Institute Of Microstructure Physics, Halle Germany, D-06120

33 Hofmeister, H. , (2009), 'Shape Variations and Anisotropic Growth Of Multiply Twinned Nanoparticles', Max Planck Institute Of Microstructure Physics, Halle Germany, D-06120

Bahsi geçen bu kompozisyonların oluşturulduğu tetrahedra yapısına sahip metaller, pH, sıcaklık, sürfaktant gibi diğer yardımcı parametreler ile tek boyutlu biçimde büyüme gösterebilmektedirler. Bulunduğu şartlar neticesinde tetrahedra yapısı da farklı büyüme özelliklere sahip olabilmektedir. 'Beşli İkizlenme' mekanizmasını gösterenler Çizelge 2.1'de verilmiştir[34].

Çizelge 2.1 Beşli ikizlenme mekanizmasını doğal yapısı itibariyle gösterenler [34]

Madde	
Au	(1831)
Ag	(1944)
Cu	(1882)
C (dc)	(1863)
ZnS	(1882)
FeS_2	(1977)
$MgAl_2O_4$	(1877)
Fe_3O_4	(1984)
virus	(1958)
protein	(1997)

Tüm bu anlatılanlar ışığında şu neticelere varılabilir: Doğası gereği sahip olunan özellikler dışında üretim yöntemlerinde kullanılan sürfaktant, sıcaklık, pH gibi parametreler bir boyutlu nano yapıların meydana gelmesinde etkilidir.

2.4. Gümüş Esaslı Nano Yapılar ve Oluşum Mekanizması

Gümüş nano partikülleri eşsiz özellikler sergilemektedir. Bu özelliklere örnek olarak antibakteriyel, optik, iletkenlik, fotokatalitik etkileri gösterilebilir. Oluşum mekanizması kısmında anlatıldığı üzere işlem esnasında kullanılan sürfaktantlar, tercih edilen sıcaklık, pH gibi parametreler ile sadece küresel formda değil ayrıca tel, rod, tüp morfolojilerinde muhtelif gümüş nano yapıları elde etmek mümkündür.

34 Hofmeister, H. , (2004), 'Fivefold Twinned Nanoparticles', Max Planck Institute Of Microstructure Physics, Halle Germany, D-06120

Mekanizmayı irdelemek için SEM görüntüsü ihtiva eden Şekil 2.5'den faydalanılmıştır[35].

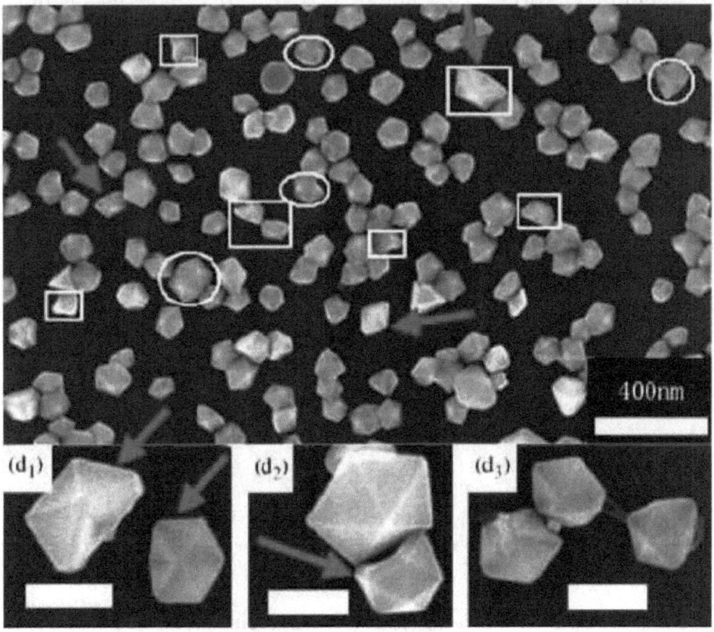

Şekil 2.5 Gümüş nano yapıların büyüme mekanizmasına ait SEM görüntüsü [35]

Şekil 2.5' de görüldüğü gibi gümüş nano yapıların ilk önce 5 tetrahedradan oluşan dekahedron; ayrıca yine aynı şekilde 10'dan fazla tetrahedradan oluşan ikosahedron kristal yapılarını oluşturduğu anlaşılmaktadır. Sistemde herhangi bir sürfaktant olmaz ise ikosahedronlar büyümeye devam edecek ve neticede çoğu küresel formda olan nano yapıların oluşumuna sebebiyet verecektir. Ancak herhangi bir sürfaktant müdahelesi ile büyüme doğrultusu değiştirilebilmektedir. Şöyle ki:

---

35 Hofmeister, H. , (2009), 'Shape Variations and Anisotropic Growth Of Multiply Twinned Nanoparticles', Max Planck Institute Of Microstructure Physics, Halle Germany, D-06120

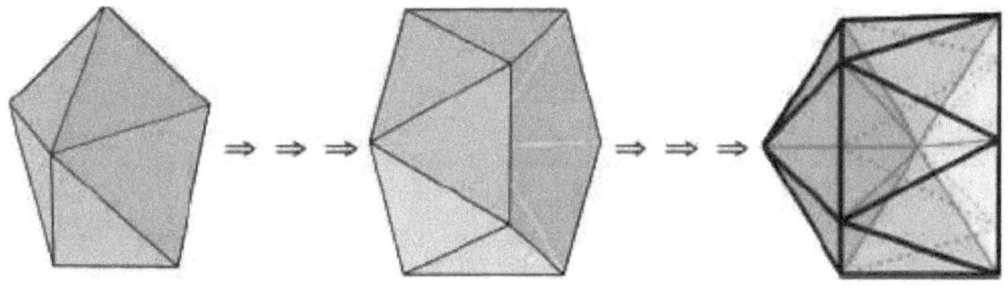

Şekil 2.6 Dekahedra yapının prizma dekahedron ile bağ kurarak ikosahedron yapısını oluşturması [36]

Şekil 2.6 'da dekahedra yapının prizma dekahedron ile bağ kurarak ikosahedron yapısı oluşturması gösterilmiştir[36]. Büyüme aşamasında meydana gelen bu olayda başta sürfaktantın varlığı olmak üzere diğer parametreler de prizma dekahedron kristal kafesinin bazı yüzeylerine, (1 0 0) yüzeyi örnek gösterilebilir, müdahale etmekte ve yapının uzamasına sebebiyet vermektedir. Böylece küresel form yerine rod, tel formunda yapılar elde edilebilmektedir.

Sonuç olarak, yani tek boyuta indirgeyerek, gümüşün sahip olduğu eşsiz özellikler arttırılmış olmaktadır. Bu tez çalışmasında da gümüş çalışılmasının sebebi gümüşün antibakteriyel özelliklerini tarihi eserler üzerinde etkili kılmaktır.

Bunların dışında atmosfer de morfoloji oluşumda etkilidir. Şöyle ki; üretim aşamasında oksijen atmosferi kullanılırsa ve küp oluşumunu sağlayacak kadar klor iyonu mevcut değilse söz konusu ortamda tel oluşumu meydana gelmektedir. Tel oluşumuna ait görüntü Şekil 2.7'de verilmiştir[37].

---

36 Hofmeister, H. , (2009), 'Shape Variations and Anisotropic Growth Of Multiply Twinned Nanoparticles', Max Planck Institute Of Microstructure Physics, Halle Germany, D-06120

37 Tang, X. and Tsuji, M. , (2010), 'Sythesis Of Silver Nanowires In Liquid Phase', Nanowires Science and Technology, Japan

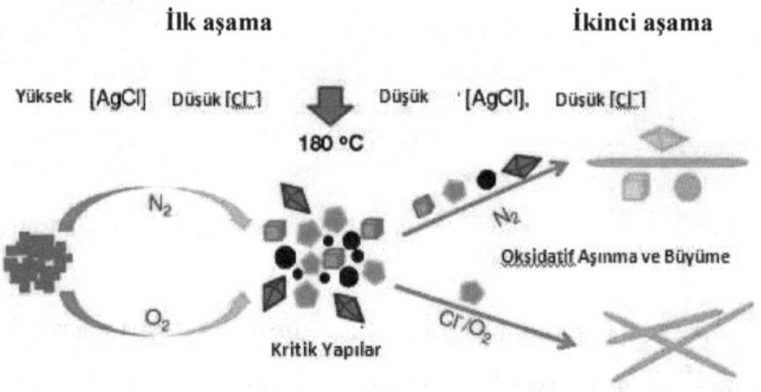

Şekil 2.7 Atmosfer ortamına göre morfolojideki değişiklik [37]

BÖLÜM 3

ELEKTROSPINNING İŞLEMİ

Bu bölümde elektrospinning işlemi teorisi ile birlikte ele alınmıştır.

3.1. Elektrospinning İşlemi

Elektrospinning işlemi, bir şırınganın içine yerleştirilmiş olan sıvının (uygulanan genellikle polimer çözeltisi ya da eriyiği) bir güç kaynağı yardımıyla yüksek elektrik alana maruz kalması, oluşan elektriksel kuvvetin söz konusu sıvının yüzey gerilimini yenmesi ve bir jet oluşturarak, ki buna Taylor jeti denir, toplayıcı plakanın üzerinde nano veya mikro boyutlu lif yapılarının eldesi mantığına dayanmaktadır[38].

3.2. Elektrospinning İşleminin Tarihsel Gelişimi

Bu işlemin temelleri yaklaşık olarak 400 yıl öncesine kadar uzanmaktadır. 'Elektro-hidrodinamik atomizasyon ya da püskürtme' olarak bilinen bu yöntem 1600 yıllarında William Gilbert tarafından denenmiş ve pürüzsüz bir yüzeydeki su damlasının belirli bir mesafeden tutulan yüklü kehribar parçasıyla koni şeklini aldığı tespit edilmiştir[39,40].

1934'lere gelindiğinde Anton Formhals tarafından arka arkaya muhtelif patentler alınmıştır. 1952'de ise Vonnegut ve Neubaunen tek dağılımlı damlaların 1,0-0,1 mikrometre aralığında sağlanabileceğini göstermiştir.

38 Çakmakçı, E. , (2009), Elektrospinning Yöntemi İle Yeni Polimerik Malzemelerin Sentezi ve Karakterizasyonu, Yüksek Lisans Tezi, Marmara Üniversitesi, Fen Bilimleri Enstitüsü

39 Hatipoğlu, B. , (2006), Mechanical Properties Of Indivial Polymeric Micro and NanoFibers Using Atomic Force Microscopy, Yüksek Lisans Tezi, North Carolina University, Raleigh, North Carolina, USA

40 Çakmakçı, E. , (2009), Elektrospinning Yöntemi İle Yeni Polimerik Malzemelerin Sentezi ve Karakterizasyonu, Yüksek Lisans Tezi, Marmara Üniversitesi, Fen Bilimleri Enstitüsü

Sir Geoffrey Ingram Taylor 1969 yılında, bir sıvı damlasını koni şekline dönüştürmek için gereken kritik elektrik gerilime ait durumu belirlemiş ve koninin, elektrik alan ve yüzey gerilimi kuvvetlerinin eşitliğinde oluştuğunu göstermiştir. Ayrıca Taylor kendi adıyla anılacak olan koninin (Taylor Konisi) teorik olarak yarı açısının 49,3° olduğunu söylemiş ve birçok fotoğrafla bu teorisini desteklemiştir. Taylor'un kritik voltaja ait denklemi (4.1)'de verilmiştir[41].

$$V_c^2 = 4 * \frac{H^2}{L^2} * \left(\ln\frac{2L}{R} - \frac{3}{2}\right) * (0.117 * \pi * \gamma * R) \qquad (4.1)$$

Burada;

- Vc: Kritik Voltaj
- H: Kapiler ve toplayıcı arası mesafe
- L: R yarıçaplı kapilerin uzunluğu
- γ: Sıvının Yüzey gerilimini ifade etmektedir

Sonraki yıllarda yapılan araştırmalar ile yöntem çok daha fazla tercih edilir olmuştur. Yöntemin avantajlarını şu şekilde sıralayabiliriz;

- Ucuz bir yöntemdir.
- Çeşitli polimerlere uygulanan bir yöntemdir.
- Filtreleme etkinliği yüksektir.
- Yüksek uzunluk/çap oranına sahiptir.

Bahsi geçen avantajlarının yanında dezavantajları da mevcuttur;

- Kullanılan organik çözücülerin neden olduğu toksisite ve ağ yapısının mevcut oluşu.

---

41 Tanrıverdi, S. , (2006), Production Of Alumina Borosilicate Ceramic Nnofibers By Using Electrospinnig Technique and Its Characterization, Yüksek Lisans Tezi, Ortadoğu Teknik Üniversitesi

➢Düzgün fiberlerin oluşturulması için gerekli parametrelerin çok fazla olması[42].

3.3. Elektrospinning Düzeneği

İşlem düzeneği basit olarak 3 kısımdan oluşmaktadır[43]:

➢Şırınga ya da kapiler

➢Yüksek voltaj güç kaynağı

➢Topraklanmış bir toplayıcı

Elektropinning işleminin düzeneği Şekil 3.1'de verilmiştir.

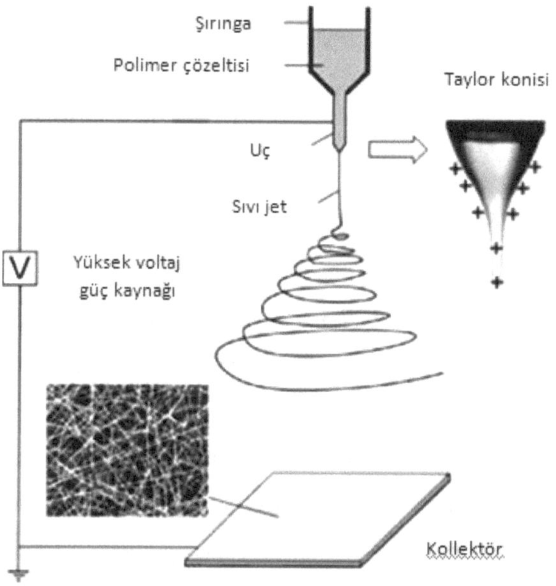

Şekil 3.1 Elektrospinning işleminin düzeneği [43]

42 Saner, B. , (2007), Fluorinated Nanofibers For Potential Biomedical Applications, Yüksek Lisans Tezi, Sabancı Üniversitesi, Türkiye

43 Çakmakçı, E. , (2009), Elektrospinning Yöntemi İle Yeni Polimerik Malzemelerin Sentezi ve Karakterizasyonu, Yüksek Lisans Tezi, Marmara Üniversitesi, Fen Bilimleri Enstitüsü

3.4. Elektrospinning İşlemini Etkileyen Parametreler

Elektrospinning işlemini etkileyen başlıca üç farklı parametre vardır. Bu parametreler üç farklı başlıkta Şekil 3.2'de gösterilmiştir[44].

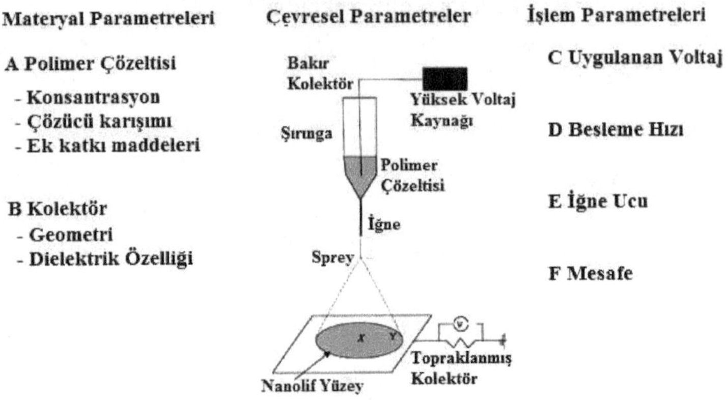

Şekil 3.2 Elektrospinning yöntemine etki eden parametreler [44]

3.4.1. Viskozite / Konsantrasyon

Bilindiği üzere bu iki kavram birbiriyle ilişkilidir ve doğru orantılıdır. Viskozitenin elektrospinning üzerindeki etkiye baktığımızda, diğer parametreler de göz önüne alındığında morfoloji üzerinde en belirleyici faktörlerden biri olduğu görülmektedir. Çözücü materyal, başta polimer çözeltisi içindeki zincir yapısını belirlemekte, lif çekimi esnasında elektriklenmeyi kolaylaştırmakta, yüzey gerilimini ve lifleri yığın halinde toplayıcı elektroda toplarken buharlaşma ve katılaşma oranını etkilemektedir. Düşük viskozite değerlerinde boncuksal yapılar meydana gelmektedir[45].

---

44 Yalçınkaya, B. , (2012), İğneli ve İğnesiz Elektrolif Çekim Yöntemleri İle Nano Lif Üretiminde Taylor Koni Yapısı ve Fıskiye Ömrü Analizi, Yüksek Lisans Tezi, Süleyman Demirel Üniversitesi, Fen Bilimleri Enstitüsü

45 Mikos, A. G. , Pham, P. Q. and Sharma, U. , (2006), 'Electrospinning Of Polymeric Nanofibers For Tissue Enginnering Applications: A Review', Tissue Engineering, Volume 12:5

Boncuksu yapılara örnek Şekil 3.3' daki (a), (b) ve (c) verilmiştir[46].

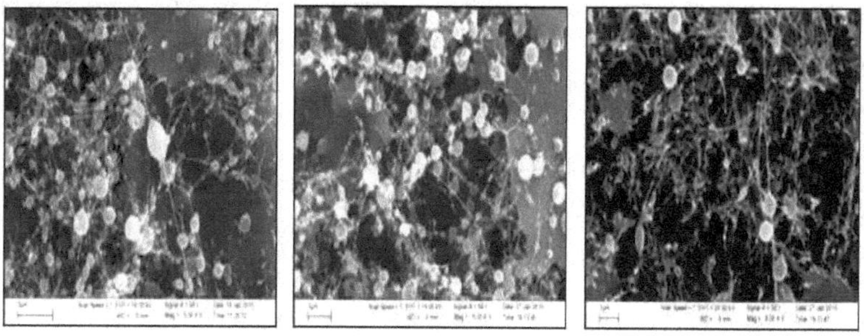

(a) (b) (c)

Şekil 3.3 Boncuksu yapılara örnek [46]

Yüksek viskozite değerlerinde ise fiberlerin çapının arttığı gözlenmiştir.

3.4.2. İletkenlik/Solüsyon Şarj Yoğunluğu

Solüsyon iletkenliği ya da şarj yoğunluğunu arttırmak daha tek düze bir yapının oluşmasına sebebiyet vermektedir. Elektrospinning işlemi esnasından uygulanan yüksek voltajın iğneden polimer çözeltisine geçmesi beklenmektedir ve bilinmelidir ki sıfır iletkenlik özelliğine sahip bir polimer çözeltisinden kesinlikle elektro lif çekim işlemi uygulanarak lif elde edilemez. Bu nedenle çözücüler, polimerleri iyonlarına ayrıştırarak iletkenlik kazandırmak ya da polimerin iletkenliğini artırmak için uygulanmaktadır. Bu çözücüler tuz ya da bazı alkoller olabilir. Ancak belirtilmelidir ki, alkoller az da olsa boncuksu yapıların oluşmasına neden olabilir.

3.4.3. Yüzey Gerilimi

Bu etkiyi incelemek için iki örnek vermek yerinde olacaktır: Polietilen oksit (PEO) ve Polivinil alkol (PVA) solüsyonlarına etanol ilâvesi farklı sonuçları doğurmaktadır.

---

46 Mongkontalang, P. , Paipitak, K. , Pecharapa, W. , Pornpra, T. and Techitdheera, W. , (2011), 'Characterization Of PVA- Chitosan Nanofibers Prepared By Electrospinning' , Procedia Enginneering, 8:101-105

PEO çözeltisine etanol ilâvesi, yüzey gerilimini düşürmek ile birlikte boncuksu yapıların da oluşumunu azaltmaktadır. Ancak PVA' da aynı neticelere ulaşılamamaktadır. PVA' ya ekleme, PEO' da olduğu gibi, yüzey gerilimini düşürmektedir ancak boncuksu yapıların artmasına sebebiyet vermektedir. Farklı kimyasallara göre boncuksu yapıların miktarlarındaki değişim doğru bir tasnifin de yapılmasını zorlaştırmaktadır.

3.4.4. Akış Hızı

Akış hızı fiber oluşumu ile ters orantılı olarak değişmektedir. Düşük akış oranlarında daha düşük çaplara sahip fiberler oluşurken, bunun yanında boncuksu yapıların sayısında artış gözlenmektedir. Akış hızı arttırıldığında fiber çapı artmakla birlikte boncuksu yapıların sayısında düşüş meydana gelmektedir[47].

3.4.5. Uygulanan Voltaj

Voltaj, elektrospinning yöntemlerine ismini veren birimdir. Yüksek voltaj kaynağından uygulanan yüksek gerilim, spreyleri oluşturur ve polimer çözeltilerine yüzey yükü sağlar. Uygulanan voltaj değeri oluşan spreylere olan etkisini en fazla istikrarsız ve uzama alanında göstermektedir.

Voltaj, parametreler içerisinde önemli yer teşkil etmektedir. Voltajın düşük tutulması daha düzgün fiberlerin oluşmasına neden olmakla birlikte, değerinin arttırılması ile boncuksu yapıların sayısında artış gözlenmektedir.

3.4.6. Polimerin Molekül Ağırlığı

Molekül ağırlığı boncuksu yapıların sayısı ile ters orantılı değişmektedir. Ancak dikkat edilmesi gereken bir husus vardır.

---

47 Mikos, A. G. , Pham, P. Q. and Sharma, U. , (2006), 'Electrospinning Of Polymeric Nanofibers For Tissue Enginnering Applications: A Review', Tissue Engineering, Volume 12:5

Molekül ağırlığı yüksek olan polimerlerin viskoziteleri de aynı derecede yüksek olacaktır. Bu nedenle elektrospinning işlemi için optimum viskozite değerini yakalamak oldukça önem arz etmektedir.

3.4.7. Kollektör Arası Mesafe

Araştırmalar göstermiştir ki, kolektör ve şırınga arasında minimum bir mesafe olmalıdır. Nedeni, kolektöre ulaşan fiberlerin kuruyabilmesi için yeterli süreye ihtiyaç olmasıdır. Mesafenin çok kısa ya da uzun olması boncuk oluşumuna neden olmaktadır[48].

3.4.8. İğne Ucu

Metal iğneler kullanıldığı kadar iletken olmayan cam ve plastik iğneler de elektrospinning yöntemi ile nano lif eldesinde kullanılmaktadır. Yüksek iletkenliğe sahip olan elektrotların kullanılması her zaman üretimdeki verimliliği artırmıştır. İğne içi genişliklerinin ise lif çapına olan etkisi büyüktür ve genelde küçük iç çapına sahip olan iğneler daha küçük lif çapına sahip nano yüzeyler oluşturmaktadır. Diğer yandan iğne ucu tıkanması iğneli sistemin en büyük sorunlarından biridir. Bu nedenle iğne seçimi lif çekim işleminin devamlılığı açısından önemlidir

3.4.9. Toplayıcı Tipi

Şekil 3.4'da belirtildiği gibi elektrospinning işleminde farklı çeşitlerde toplayıcılar kullanılmaktadır. Toplayıcı elektrot geometrileri, kullanım yerlerine bağlı olarak verimlilikleri değişmektedir. Bunun dışında önemli olan bir diğer faktör ise toplayıcının yapıldığı malzemedir. Nano lifler toplayıcı elektrota toplanırken üzerindeki elektriksel yükün üzerinden kaldırılması gerekmektedir ve bu nedenle toplayıcı elektrotlar iyi iletken materyalden yapılmalıdır.

---

48 Mikos, A. G. , Pham, P. Q. and Sharma, U. , (2006), 'Electrospinning Of Polymeric Nanofibers For Tissue Enginnering Applications: A Review', Tissue Engineering, Volume 12:5

Diğer taraftan nano liflerin üzerine toplandığı karton kâğıt alüminyum folyo, dokusuz yüzey gibi destekleyici materyallerin lif çapına ve morfolojisine etkisi büyük olduğu anlaşılmıştır.

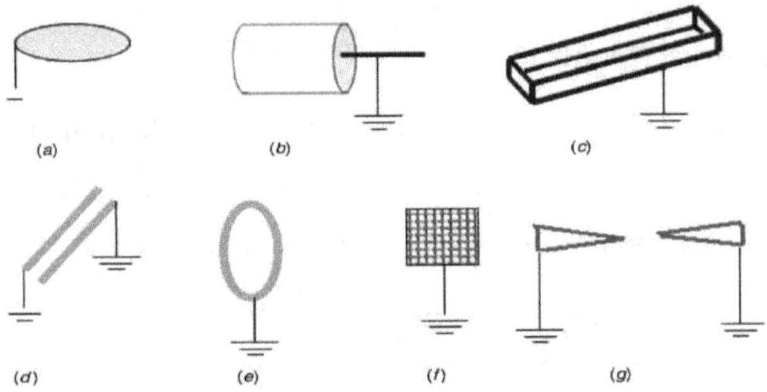

Şekil 3.4 Elektrospinning yönteminde kullanılan farklı toplayıcılar [48]

BÖLÜM 4

KİTOSAN POLİMERİNİN ÖZELLİKLERİ VE KULLANIM ALANLARI

Bu bölümde kitinin bir türevi olan kitosan polimeri irdelenmiştir.

4.1. Kitosan

Kitosan, [poly- (b-1/4- 2- amino- 2- deoxy- D- glucopyranose], deniz kabukluları ve bazı mantarların hücre duvarlarında bulunan Kitin'in alkali ortamda kısmen ya da tamamen deasetilasyona tâbi tutulması ile edilen ve polikatyonik özellik taşıyan bir biyo polimerdir[49]. Kitosanın kimyasal yapısı Şekil 4.1'de verilmiştir[50].

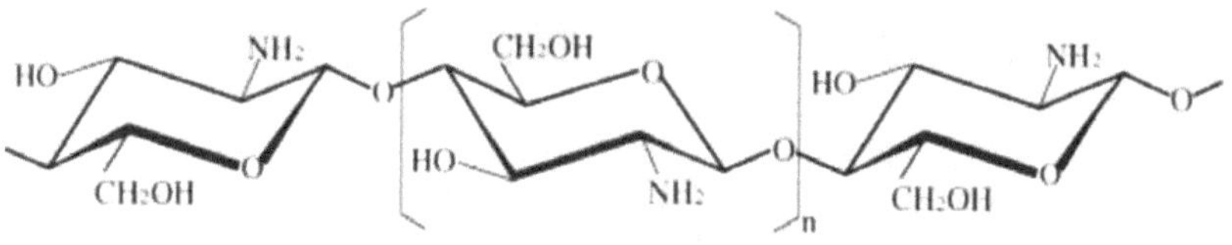

Şekil 4.1 Kitosanın kimyasal yapısı [50]

Kitini ve onun türevi olan kitosanı ayıran temel farklılık deasetilasyon derecesidir:

Deasetilasyon Derecesi (DD): Kitinin yapısında bulunan aminoasetil gruplarından asetil grubunun uzaklaştırılma derecesidir. Böylece geriye sadece amino grubu kalmaktadır. Kitinin deasetilasyon reaksiyonu kolaylıkla alkalin işlemi ile başlatılabilir.

49 Erdem, R. ve Sancak, E. ; (2013), 'Elektroçekim Yöntemiyle Elde Edilen Poliamid 6/Kitosan Bazlı Nanoliflerin Morfolojik Özelliklerinin İncelenmesi', İstanbul Ticaret Üniversitesi, Fen Bilimleri Dergisi, 24:53-65

50 El-Hefian, E. A. , Elgannoudi, E. S. , Mainal, A. and Yahaya, A. H. , (2010), ' Characterization Of Chitosan In Acetic Acid: Rheological and Thermal Studies', Tübitak, 34:47-56

Örnek olarak yüksek yoğunluklu sodyum hidroksit (NaOH) çözeltisi ile yapılabilir. Kitosanın sahip olduğu bu asetilasyon derecesinin başta termal özellikleri olmak üzere birçok parametre üzerinde büyük etkisi bulunmaktadır[51]. Bahsi geçen etkiler Şekil 4.2 Şekil 4.3 ve Şekil 4.4'de belirtilmiştir[52].

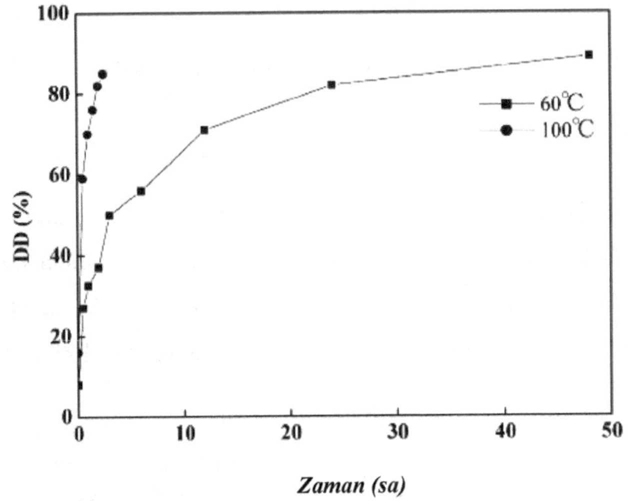

Şekil 4.2 60° ve 100°C'deki reaksiyon sürelerine bağlı olarak deasetilasyon derecelerindeki değişme [52]

Şekil 4.2'den anlaşılacağı üzere sıcaklığın artmasıyla birlikte deasetilasyon derecesinde yükselme meydana gelmekte ayrıca süre de dikkate değer biçimde düşmektedir.

Şekil 4.3'da aynı şekilde deasetilasyon derecesi ile FTIR sonuçları arasındaki ilişki incelenmiştir. FTIR sonuçlarının belirttiği üzere, deasetilasyon derecesi arttıkça 1700 cm^{-1}'de amid gruplarındaki titreşimlerin azalması sebebiyle karakteristik adsorpsiyon piklerinin belirgin şekilde yoğunluğunun azaldığı tespit edilmektedir.

---

51 Kaczmarek, H. and Zawadzki, J, , (2010), ' Thermal Treatment Of Chitosan In Various Conditions', Carbohydrate Polymers, 80:394-400

52 Kang, P. H. , Lee, S. W. , Lee, T. S. , Lim, J. M. , Min, B. M. , Park, W. H. and You, Y. ; (2004), 'Chitin and Chitosan Nanofibers: Electrospinning Of Chitin and Deacetylation Of Chitin Nanofibers', Polymer, 45:7137-7142

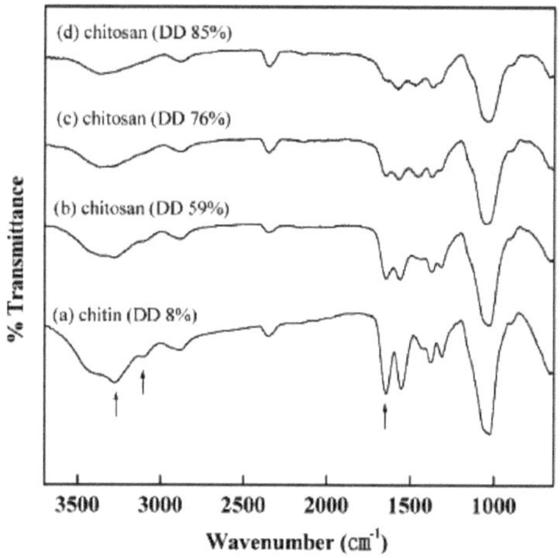

Şekil 4.3 Kitinin deasetilasyon derecesine bağlı olarak FTIR sonuçları [52]

Şekil 4.4'da gösterildiği gibi TGA sonuçları da deasetilasyon derecesinin termal özelliklerde değişiklikler meydana getirdiğini doğrulamaktadır. TGA eğrileri irdelenecek olursa termal bozunma sıcaklığının 330°C'den 270°C'ye düştüğü söylenebilir.

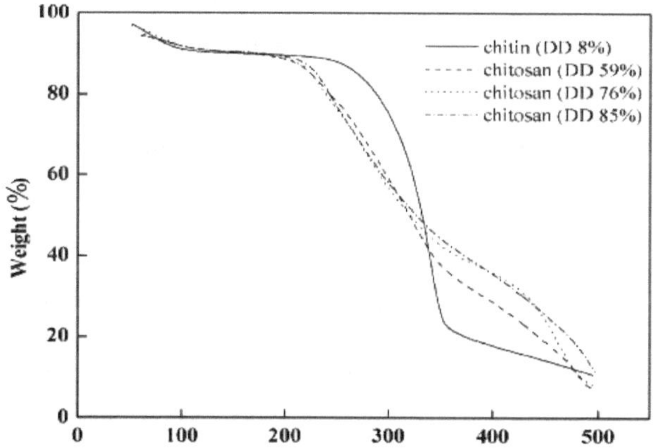

Şekil 4.4 Deasetilasyona bağlı olarak TGA değişimi [52]

4.1.1. Kitosanın Özellikleri

Bu bölümde kitosanın temel özellikleri ile birlikte termal özellikleri de irdelenecektir.

4.1.1.1. Kitosanın Temel Özellikleri

Kitosan polimerinin sahip olduğu belirli özellikler aşağıda maddeler hâlinde sıralanmıştır:

- Hidrofilik bir polimerdir. İçerisinde çok sayıda polar grup içerir.
- Monomerine verilen isim glukosamindir.
- Doğada selülozdan sonra en çok bulunan kitinin bir türevidir.
- Biyouyumlu, biyobozunur gibi özellikleri il birlikte toksik değildir.
- Başta sağlık alanı olmak üzere, gıda ürünlerinin saklanmasında, doku mühendisliğinde, ilâç taşınımında çok tercih edilir[53,54]

4.1.1.2 Kitosanın Termal Özellikleri

Bu bölümde saf kitosan ile birlikte kitosan bazlı farklı bileşenlerin termal analizleri üzerinde durulmuş ve meydana gelen değişiklikler irdelenmiştir. Literatür çalışmalarından alınan TG/DTG/DTA örnekleri Şekil 4.5'de belirtilmiş ve sonuçlar kitosanın termal analizini genel bir bakış açısıyla irdelememize yardımcı olacaktır[55].

---

53 Kang, P. H. , Lee, S. W. , Lee, T. S. , Lim, J. M. , Min, B. M. , Park, W. H. and You, Y. ; (2004), 'Chitin and Chitosan Nanofibers: Electrospinning Of Chitin and Deacetylation Of Chitin Nanofibers', Polymer, 45:7137-7142

54 Bae, M. S. , Heo, D. N. , Kim, E. C. , Kim, J. E. , Ko, W. K. , Kwon, K. , Lee, C. H. , Lee, D. H. , Lee, J. B. , Lee, S. J. And Park, S. W. , (2014), 'Electrospun Chitosan Nanofibers With Controlled Levels Of Silver Nanoparticles: Preparation, Characterization and Antibacterial Activity', Carbohydrate Polymers, 111:530-537

55 Kaczmarek, H. and Zawadzki, J, , (2010), ' Thermal Treatment Of Chitosan In Various Conditions', Carbohydrate Polymers, 80:394-400

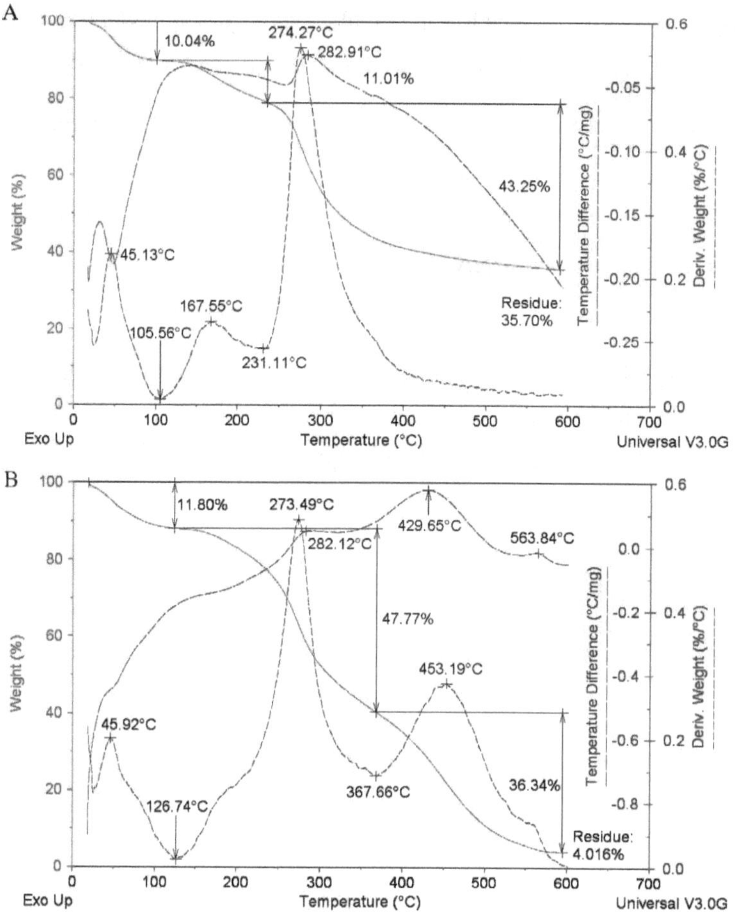

Şekil 4.5 Kitosanın A: azot (N_2) ve B: oksijen (O_2) ortamlarındaki TG/DTG/DTA sonuçları [51]

Analizler sonucu şu yorumlar yapılabilmektedir: N_2 ortamında yapılan analiz sonucu kitosan içerisinde %10 civarında yüzeye tutunan suyun mevcut olduğu ve bunun da 100°C'nin altında uzaklaştığı görülmüştür. Bu da suyun yüzeye zayıf olarak tutunduğunu ya da kitosan molekülleri ile zayıf hidrojen bağı yaptığını açıklamaktadır. Diğer bozunmanın ise 100°C'nin üzerinde olduğu ve yaklaşık 168°C' de maksimum seviyeye ulaştığı; buna bağlı olarak da kimyasal bağlı suyun uzaklaştığı görülmektedir. %43' lük asıl kütle kaybın ise 230°C ilâ 400°C arasında meydana geldiği ve bunun nedeninin de kitosan zincirlerindeki depolimerizasyon, dehidratasyona bağlı olarak zincirlerin parçalanmasından kaynaklandığı söylenebilir. DTA analizindeki endotermik pik de zincirlerin parçalanması sebebiyle oluşmuştur.

O_2 atmosferinde ise zayıf hidrojen bağına sahip suyun 50°C' nin altında; kimyasal bağlı suyun ise 180°C civarında uzaklaştığı görülmektedir. %48 oranında ve 274°C' de meydana gelen kaybın nedeni de polimer zincirlerinin parçalanmasıdır. N_2 atmosferine kıyasla O_2 atmosferinde 400°C' de bir pik daha oluşmuştur. Bunun nedeni de oksidasyon olayıdır. Bu olay da DTA' da ekzotermik bir pik vermiştir.

Sonuç olarak kitosanın termal bozunumu hakkında şunlar söylenebilir: O_2 atmosferindeki termal bozunma N_2 atmosferindekine kıyasla daha yüksek sıcaklıkta meydana gelmiştir. Bunun nedeni de O_2' nin kitosan ile çapraz bağlı köprüleri oluşturmasıdır[56].

56 Kaczmarek, H. and Zawadzki, J, , (2010), ' Thermal Treatment Of Chitosan In Various Conditions', Carbohydrate Polymers, 80:394-400

BÖLÜM 5

ARŞİV BELGELERİNİN KORUNMASI ÜZERİNE YAPILAN DENEYSEL ÇALIŞMALAR

Bu bölümde yapılan deneysel çalışmalar ele alınmıştır. Gümüş nano tel ve gümüş/kitosan üretimi ile örnek eser üzerinde yapılan çalışmalar irdelenmiştir.

5.1. Gümüş Nano Tel ve Gümüş/Kitosan Nano Kompoziti Üzerine Yapılan Deneysel Çalışmalar

Bu bölümde, yapılan deneysel çalışmalar teferruatlı şekilde anlatılmış; aşamalı olarak incelenmiştir. Arşiv belgelerinin korunması amacıyla üretilen malzeme 2 kısımdan teşekkül etmiştir:

- Gümüş nano tellerin sentezlenmesi
- Gümüş/kitosan nano kompozit sentezi

5.1.1 Gümüş Nano Tellerin Sentezlenmesi

Deneysel işlemlerin bu aşamasında sentezlenen gümüş nano tellerin üretilmesinde kullanılan yöntem solvotermal metodudur. Solvotermal işlem kısaca yüksek sıcaklık ve basınç vasıtasıyla nano yapı sentezidir. Hidrotermalden farklı olarak solvotermal işlemde çözücü olarak su değil onun yerine farklı çözücüler tercih edilmektedir.

Gümüş nano tellerin üretilmesinde kullanılan kimyasallar aşağıda; ayrıca kimyasal miktarları ile birlikte diğer parametreler de Çizelge 5.1'de verilmiştir:

- Gümüş nitrat (**$AgNO_3$**): Gümüş kaynağı olarak kullanılmıştır.
- Polivinilprolidon (**PVP**): Stabilizatör olarak kullanılmıştır.
- Sodyum klorür (**NaCl**): İndirgeyici olarak kullanılmıştır.
- Etilen glikol (**EG**): İndirgeyici ve çözücü olarak kullanılmıştır.

Çizelge 5.1- Gümüş nano tellerin üretiminde kullanılan kimyasallar/seçilen parametreler

Sütun1	$AgNO_3$(wt%)	PVP(Mg/mol)	NaCl(wt%)	EG (mL)	T(°C)	Süre(sa)	pH	PVP/AgN
Gümüş 1	0,68	1.766	0,004	100	150	7	5	2,59
Gümüş 2	1,36	3.532	0,009	200	170	7	4	2,59
Gümüş 3	1,36	3.532	0,009	200	160	5	5	2,59
Gümüş 4	1,36	3.532	0,009	200	160	7	5	2,59
Gümüş 5	1,53	2,08	0,002	200	185	0,25	6	1,36
Gümüş 6	1,53	2,08	0,004	200	185	0,25	9	1,36
Gümüş 7	1,53	2,08	0,001	200	185	0,25	6	1,36
Gümüş 8	1,36	3.532	0,009	200	150	7	6	2,59
Gümüş 9	1,36	3.532	0,009	100	150	7	5	0,38
Gümüş 10	0,69	0,12	0,04	176	120	23	5	0,17
Gümüş 11	0,69	0,24	0,04	176	120	23	5	0,34
Gümüş 12	1,38	0,24	0,04	176	120	23	6	0,17
Gümüş 13	0,35	0,24	0,04	176	120	23	5	0,68

Çizelge 5.1'de görüldüğü üzere toplamda 13 farklı numune üretimi gerçekleştirilmiştir. Parametrelere bağlı olarak değişecek morfolojiler dikkate alınmış ve bu bağlamda kullanılan kimyasalların miktarlarında ve ayrıca sıcaklık ve süre parametrelerinde de değişikliklere gidilmiştir. Her bir numune için tercih edilen yöntem solvotermal işlemdir.

Üretim aşaması irdelenecek olursa; ilk olarak etilen glikol (EG) çözeltisi belirtilen sıcaklıklara kadar ısıtılmıştır. Yüksek sıcaklıktaki bu EG çözeltisi A çözeltisi olarak isimlendirilmiştir. Ardından ayrı bir beher içerisinde, oda sıcaklığında, EG içerisinde gümüş nitrat çözündürülmüştür. Bu çözelti de B çözeltisi olarak adlandırılmıştır. Son olarak da yine ayrı bir beher içerisinde EG çözeltisine PVP ve NaCl ilâve edilmiş; manyetik karıştırıcı vasıtasıyla çözündürülmüştür. Son çözelti de C olarak isimlendirilmiştir. Bir sonraki aşamada B ve C çözeltileri yüksek sıcaklıktaki A çözeltisine eklenmiştir ve tabloda verilen sıcaklıklarda ve sürelerde solvotermal işlem uygulanmıştır. Gümüş çözeltisine ait görüntüler Şekil 5.1'de verilmiştir.

Şekil 5.1 (a) ve (b) Gümüş Solüsyonu

Karıştırma sonrası çözeltiler otoklava konulmuş ve tabloda ifade edilen sıcaklıklarda solvotermal işleme tâbi tutulmuşlardır. Solvotermal işleme ait şema Şekil 5.2'de verilmiştir.

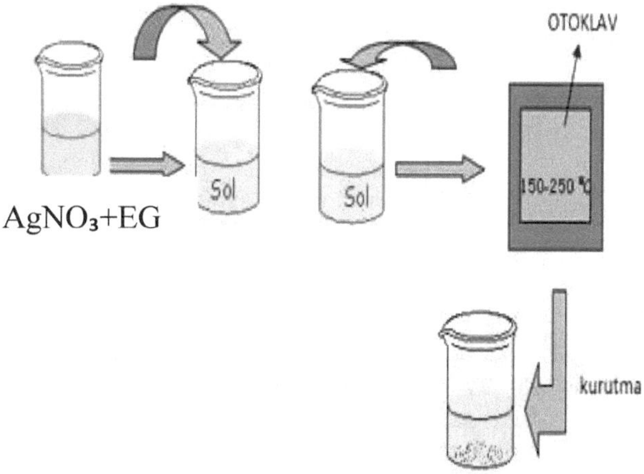

Şekil 5.2 Solvotermal işleme ait şema

Meydana gelen reaksiyonlar aşağıda verilmiştir[57]:

$2HOCH_2CH_2OH+O_2 \rightarrow 2HOCH_2CHO+2H_2O$ (1)

$2AgNO_3+HOCH_2CHO+H_2O \rightarrow HOCH_2COOH+2Ag+2HNO_3$ (2)

$CH_2OH\text{–}(CHOH)_4\text{–}COOH \leftrightarrow CH_2OH\text{–}(CHOH)_4 = COO^- + H$

$Ag^+ + PVP \leftrightarrow Ag(PVP)^+$ (3)

$H^+PVP \leftrightarrow H(PVP)^+$ (4)

$CH_2OH\text{–}(CHOH)_4\text{–}CHO + 2[Ag(PVP)]^+ + 2OH^- \rightarrow CH_2OH\text{–}(CHOH)_4\text{–}COOH + 2Ag(PVP)\downarrow + H_2O$

(5)

İlk olarak meydana gelen reaksiyon etilen glikolün yüksek sıcaklıkta ve oksijen atmosferi nedeniyle glisolaldehit oluşturması ve buna bağlı olarak da gümüşün indirgenmesidir. Ardından PVP'nin varlığı ile oluşan çoklu ikizlenmiş kristal tanelerinin (1 0 0) yüzeyi pasif duruma geçmekte neticesinde ise gümüş tanelerinin büyümesi pentagonal şekilde olmaktadır. Pentagonal büyüme Şekil 5.3 ve Şekil 5.4'de verilmiştir[58, 59].

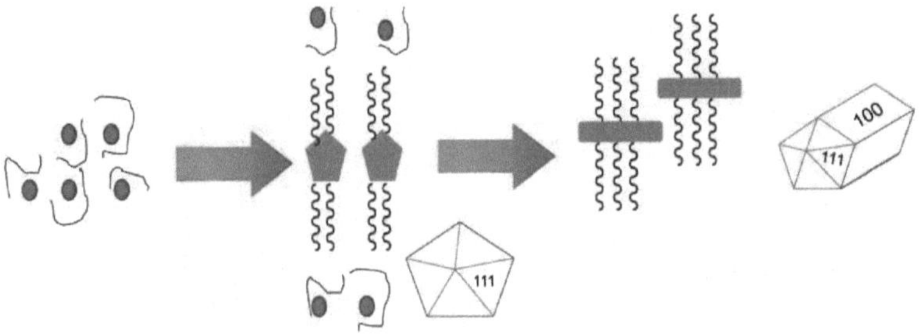

Şekil 5.3 Gümüş nano tellerinin oluşum mekanizması [57]

57 Chen, J. , Ding, S. , Wang, H. , Wang, X. and Qiau, X. , (2005), ' Mechanism Of PVP In The Preparation Of Silver Nanoparticles', Materials Chemistry and Physics, 94:449-453

58 Berry, M. T. , Doorn, J. M. , Jiang, C. , Lin, C. , Luu, Q. N. and May, P. S. , (2011), 'Preparation and Optical Properties Of Silver Nanowires and Silver Nanowires Thin Films', Journal Of Colloid and Interface Science, 356:151-158

59 Wang, J. , Yang, P. and Zhang, Y. , (2013), ' Convenient Synthesis Of Ag Nanowires With Tunable Lenght and Morphology', Material Research Bulletin, 48:461-468

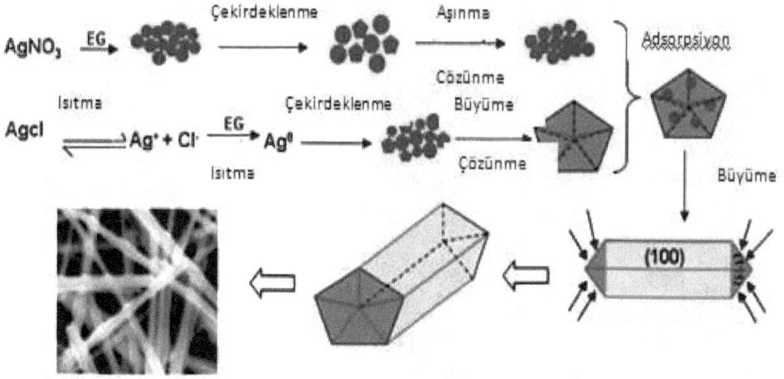

Şekil 5.4 Gümüş nano tellerin büyüme mekanizması [59]

Solvotermal işlem sonrası çözeltiler filtreden geçirilmişler ve oda sıcaklığında desikatör içerisinde kurutulmuşlardır. Her bir numune için aynı yol izlenmiş ve işlem şematik olarak Şekil 5.5' de gösterilmiştir.

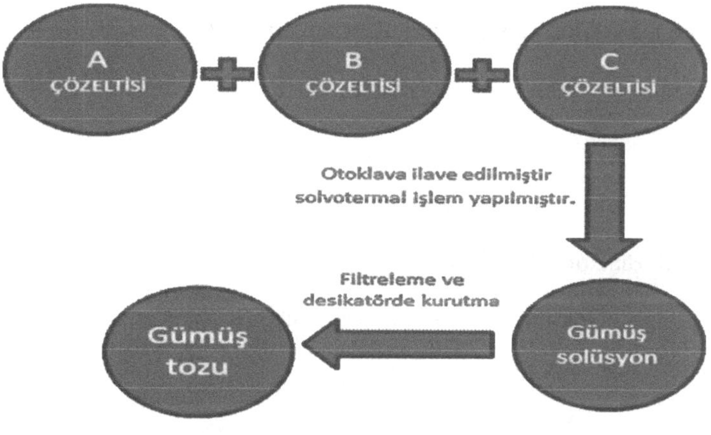

Şekil 5.5 Gümüş nano tel sentezinde kullanılan yöntemin şematik görünümü

59 Wang, J. , Yang, P. and Zhang, Y. , (2013), ' Convenient Synthesis Of Ag Nanowires With Tunable Lenght and Morphology', Material Research Bulletin, 48:461-468

Solvotermal işleminin gerçekleştirildiği cihaz Şekil 5.6' de verilmiştir.

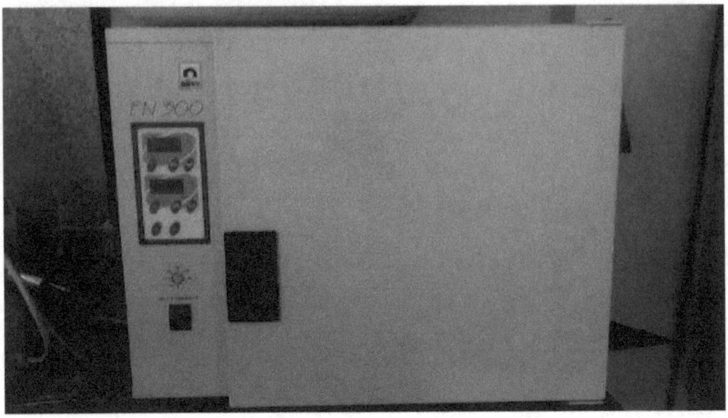

Şekil 5.6 Solvotermal işlemin yapıldığı cihaz

5.1.2 Gümüş/Kitosan Nano Kompozitinin Sentezi

Deneysel çalışmalarda bu aşamada gümüş/kitosan nano kompoziti elde edilmeye çalışılmıştır. Kitosanın içerdiği amin ve hidroksil grupları nedeniyle metal iyonlarına tutunması kolaydır. Gerçekleştirilen reaksiyon ile hedeflenen amaç budur. Bu bağlamda aşağıda verilen kimyasallar kullanılmıştır:

- Gümüş nitrat (**$AgNO_3$**): Gümüş kaynağı olarak kullanılmıştır.
- Kitosan (**CS**)
- Sodyum hidroksit (**NaOH**): İndirgeyici olarak kullanılmıştır.
- Saf su: Çözücü olarak kullanılmıştır.

Sentez işleminde kullanılan kimyasallara ait miktarlar ve değiştirilen parametreler Çizelge 5.2'de verilmiştir.

Çizelge 5.2- Ag/CS üretiminde kimyasalların miktarları

	$AgNO_3$ (wt%)	Kitosan(wt %	NaOH (M)	Saf su(mL)	T (°C)	Süre (dk)
Ag/CS 1	0,01	1	0,3	100	90	10
Ag/CS 2	0,02	1	0,3	100	90	10
Ag/CS 3	0,02	0,5	0,6	100	95	10
Ag/CS 4	0,02	2	0,6	100	95	10
Ag/CS 5	0,04	1	0,3	100	95	10
Ag/CS 6	0,04	1	0,6	100	95	10

İlk olarak saf su içerisinde gümüş nitrat çözündürülmüştür. Çözündürme işlemi manyetik karıştırıcı vasıtasıyla yapılmıştır. Ardından sırasıyla NaOH ve kitosan çözeltileri de hazırlanmış ve bu üç çözelti ortak bir behere eklenmiştir. Oluşan karışımlar 90 ve 95°C' lerde 10 dk süre boyunca manyetik karıştırıcı ile karıştırılmışlardır. Ardından filtreden geçirilmişlerdir ve oda sıcaklığında kurutmaya konulmuşlardır. Üretim aşamasına ait şema Şekil 5.7' de; gümüş ile kitosanın bağlanması da Şekil 5.8' de verilmiştir.

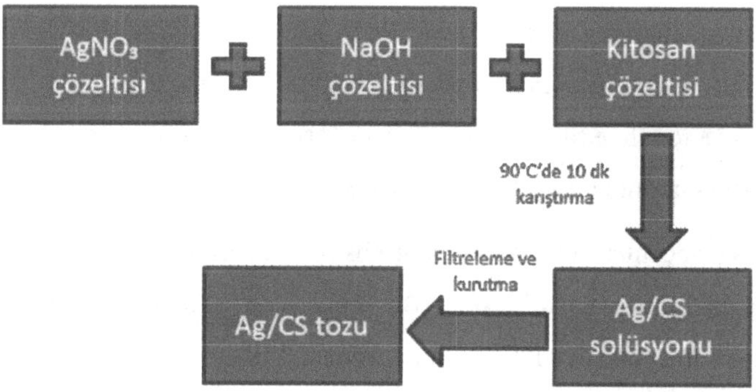

Şekil 5.7 Ag/CS nano kompozitinin üretimine dair şema

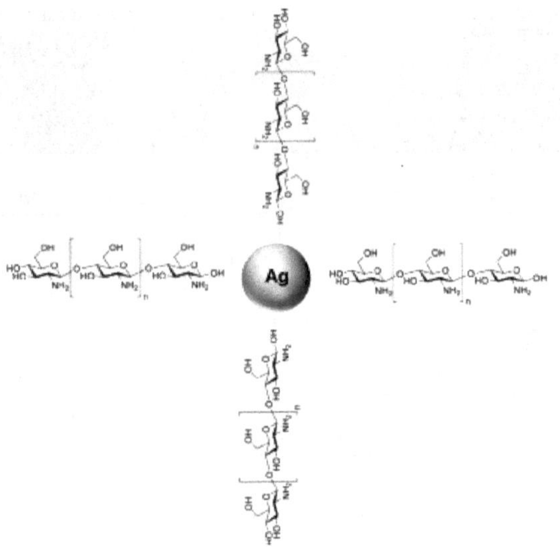

Şekil 5.8 Gümüş ile Kitosanın bağlanması

5.1.3 Elektrospinning İşlemi İçin Solüsyon Hazırlama ve Kaplama İşlemleri

Kitosan elektrospinning prosesi için oldukça zor bir polimerdir. Bunun nedeni molekül zincirleri arasındaki Van der Waals bağlarıdır. Bu bağlar polimerin viskozitesini artırmakta neticesinde de yeterli özelliklere sahip akışkan bir polimer üretimine engel teşkil etmektedirler. Bu bağlamda bazı asitler yardımıyla viskozite düşürülmektedir. Deneylerimizde kullanılan asit asetik asittir. Nedeni diğer asitlere kıyasla polimer zincirlerini çok daha fazla kırarak akışkan düzeye daha kolay getirebilmesidir. Ayrıca bunun yanında referans alınan makaleler de dikkate alınarak işlem esnasında tercih edilen olan voltaj değeri, şırınga-toplayıcı arası mesafe ve polimeri fırlatma hızını da belirlemek üzerinde durulmuştur.

Tüm bu bahsi geçenler dikkate alınarak ilk olarak elektrospinning için optimum değerler yakalanmaya çalışılmıştır. Bu bağlamda gümüş/kitosan nano tozları elektrospinnig solüsyonu üretiminde kullanılmıştır. İlk aşamada saf su içerisine asetik asit ilave edilmiş ve 15 dk boyunca karıştırılmıştır. Ardından gümüş/CS tozu katılmış ve 24 saat boyunca oda sıcaklığında karıştırma işlemine devam edilmiştir. Öncelikle uygun voltaj, fırlatma hızı, optimum bir viskozite değerlerine önem verilmiş buna bağlı olarak deneyler yapılmıştır.

Optimum koşulları yakalamak amacıyla 8 farklı örnek üzerinde çalışılmıştır. Numuneler Çizelge 5.3'da verilmiştir. Diğer taraftan eserden iki örnek daha alınmış ve biri daldırma, diğeri de püskürtme yöntemi kullanılarak kitosan-gümüş solüsyonu ile kaplanmıştır.

Çizelge 5.3- Elektrospinning için kullanılan kimyasalların miktarları

Sütun1	Asetik Asit(wt%)	Ag/CS(wt%)	Saf su (mL)	Süre (sa)	Viskozite (cp)	pH	Kv
ESP 1	1	0,2	20	24	3,5	6	15-25
ESP 2	1	0,4	20	24	3,8	6	15-25
ESP 3	2	0,2	20	24	3,5	5	15-25
ESP 4	2	0,4	20	24	3,9	5	15-25
ESP 5	4	0,2	20	24	3,3	4	15-25
ESP 6	4	0,4	20	24	3	5	15-25
ESP 7	5	0,2	20	24	2,7	4	15-25
ESP 8	5	0,4	20	24	2,8	4	15-25

Referans alınan makaleler ışığında elektrospinning işleminde tercih edilen voltaj değerleri 15 ilâ 25 arasında değiştirilmiştir. Şırınga ile toplayıcı arasındaki mesafe ise 10-15 cm arasında seçilmiştir. Fırlatma hızı ise 1.0 ml.h−1'dir ve eski eser olarak da 19. Yüzyıldan kalma bir sözlükten yararlanılmıştır. Elektrospinning işlemine dair görüntüler Şekil 5.9 ve Şekil 5.10'de verilmiştir.

Şekil 5.9 Elektrospinning İşlemi

Şekil 5.10 Elektrospinning İşlemine ait diğer bir görüntü

5.1.4 Örnek Esere Yapılan Bakteri ve Mantar Testleri

Bakteri ve mantar testleri Süleymaniye Yazma Eserler Kütüphanesi'nde yapılmıştır. Toplamda üç farklı yöntemle kaplanan numune vardır

- 1 nolu numune: Daldırma yöntemi ile kaplanmıştır.
- 2 nolu numune: Püskürtme yöntemi ile kaplanmıştır.
- 3 nolu numune: Elektrospinning yöntemi ile kaplanmıştır.

Sayfa ve ilgili kaplama örneklerinin numaralandırılan kısımlarından steril swablarla örnek alınmıştır. Örnek alınan yerler kağıdın kaplanan yüzeyi, kaplamanın tam çevresinde kalan kaplanmamış bölge, kaplamanın hiç olmadığı alan ve kaplamanın arkasında kalan yüzey olarak sınıflandırılarak seçilen noktalarda steril swablar ile örnek alımı yapılmıştır.

- 1.1 Kaplama üstü
- 1.2 Kâğıdın diğer yüzünde kaplamanın arkasında kalan kısım
- 2.1 Kaplama üstü
- 2.2 Kâğıdın kaplama olmayan yüzeyi
- 2.3 Kâğıdın diğer yüzünde kaplamanın arkasında kalan kısım
- 3.1 Kaplamanın üstü
- 3.2 Kaplanan alanın tam çevresinde kalan kısım
- 3.3 Kâğıdın kaplama olmayan yüzeyi
- 3.4 Parçanın kaldırıldığı alandan

Testlere ait görüntüler Şekil 5.11 ve Şekil 5.12'de verilmektedir

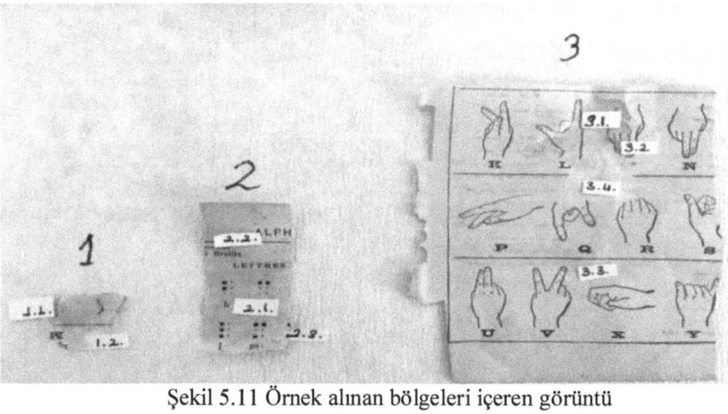

Şekil 5.11 Örnek alınan bölgeleri içeren görüntü

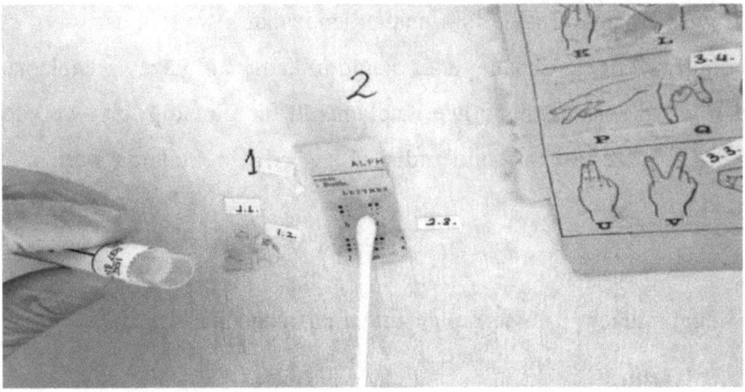

Şekil 5.12 Kaplama yapılan esere bakteri ve mantar testi

BÖLÜM 6

KARAKTERİZASYON SONUÇLARI

Bu bölümde yapılan analiz işlemlerinin sonuçları değerlendirilmiştir.

6.1. Gümüş Tozlarının ve Gümüş/Kitosan Tozlarının Karakterizasyonu

Solvotermal yöntem ile sentezlenen gümüş tozlarının ve ayrıca gümüş/kitosan tozlarına ait SEM, EDX, XRD sonuçları sırasıyla aşağıda verilmiştir. Ancak şunu belirtmek gerekir ki her numunenin analizi teknik imkânlar nedeniyle yapılamamıştır. Bu sebeple sadece analizini gerçekleştirebildiğimiz numuneler ele alınmıştır. Muhtemel diğer sonuçlar üzerine yorum yapmak yeterli miktarda bilgi sağlamayacaktır.

6.1.1. Gümüş Tozlarına Ait XRD ve SEM Sonuçları

Bu bölümde 3 farklı gümüş tozuna ait XRD ve SEM sonuçları ele alınmıştır.

6.1.2. Gümüş Tozlarına Ait XRD Sonucu

Gümüş tozlarına ait XRD sonucu Şekil 6.1'da verilmektedir.

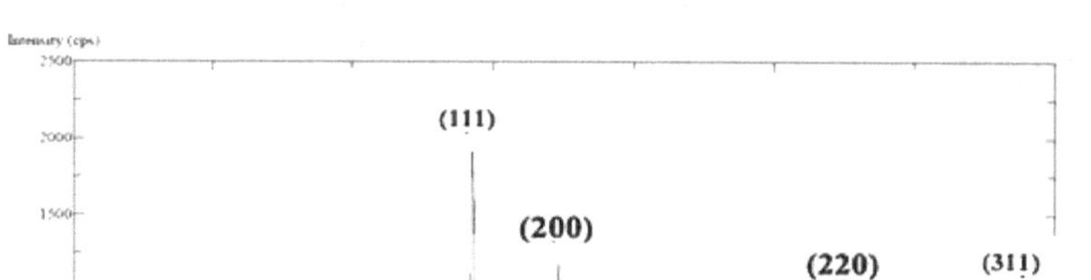

Şekil 6.1 Gümüş nano tozlarına ait XRD sonucu

Elde edilen XRD (JCPDS04-0783) sonucu incelenecek olursa oluşan pikler yapının tek kristalin olduğunu göstermektedir. Toplamda 4 ana pik mevcuttur.

6.1.3. Gümüş 9'a Ait SEM ve EDX Sonucu

Gümüş 9 tozlarına ait SEM görüntüleri Şekil 6.2 ve Şekil 6.3'de; EDX sonuçları ise Şekil 6.4'da verilmiştir. SEM sonuçları irdelenecek olursa küresel, tel ve geometrik formda yapıların oluştuğu görülmektedir. Ayrıca üretim aşamasında tüm bu yapıların topaklanma meydana getirdiği anlaşılmaktadır. Oluşan küresel yapılar 200 nanometre ilâ mikron boyutları arasında değişmektedir. Tel yapıları ise 200 nm-250 nm; geometrik yapılar ise mikron boyutlarındadır. Ayrıca morfoloji içinde mevcut olan tel yapılarında bükülmeler dikkati çekmektedir.

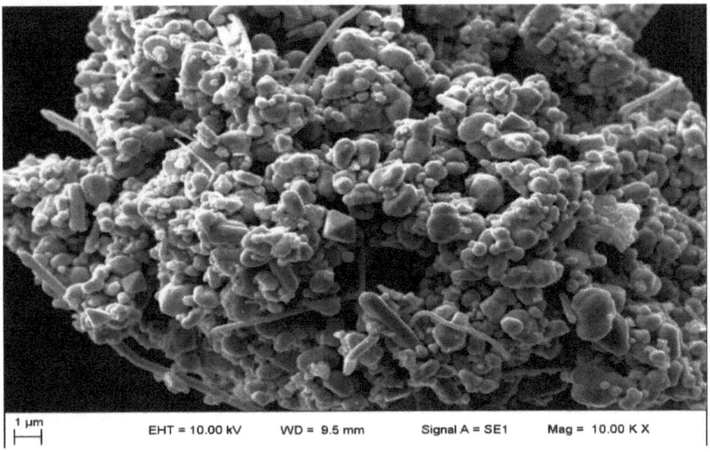

Şekil 6.2 Gümüş 9'a ait SEM görüntüsü

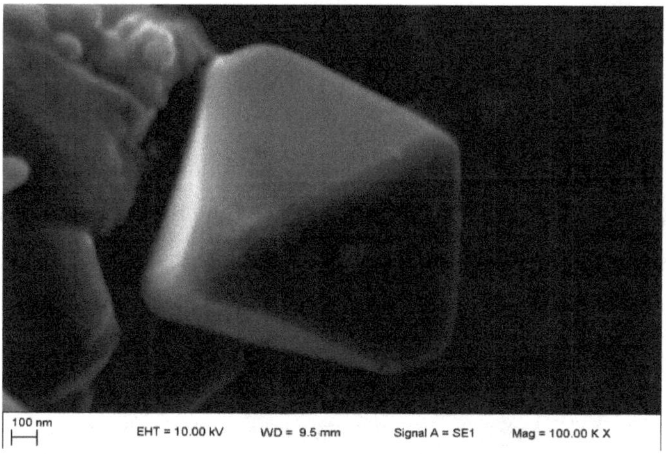

Şekil 6.3 Gümüş 9'a ait SEM görüntüsü

Şekil 6.3' de görülen ise ikosahedron yapısıdır. Bu yapı teori kısmında da anlatıldığı gibi gümüş kristallerinin büyüme aşamasındaki ilk evrelerden biridir. İkosahedron yapısı dışında tetrahedra kristal formunun da oluştuğu gözlemlenmektedir. Şekil 6.4' de ise EDX sonucu gösterilmektedir. Analiz sonucunda da teyit edildiği üzere üretilen tozların gümüş olduğu anlaşılmaktadır. Oksijenin muhtemel kaynağı sentez esnasında kullanılan etilen glikoldur.

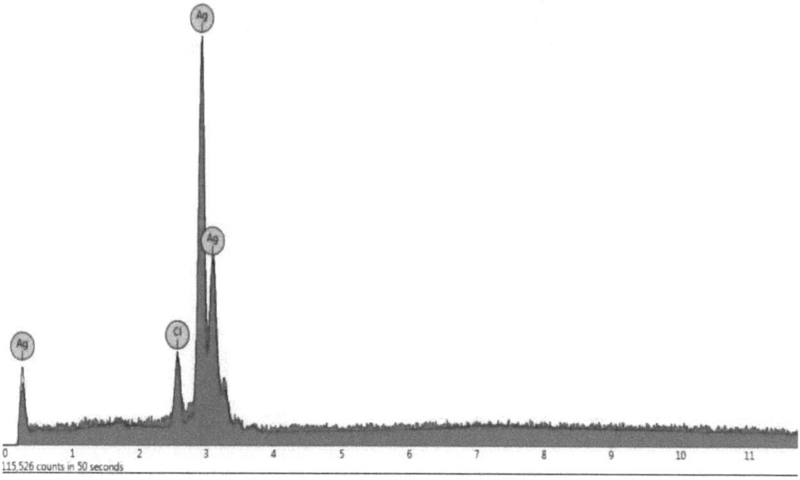

Şekil 6.4 Gümüş 9'a ait EDX sonucu

6.1.4. Gümüş 11'e Ait SEM ve EDX Sonucu

Gümüş 11'e ait SEM görüntüleri Şekil 6.5, Şekil 6.6 ve Şekil 6.7'de verilmektedir. Görüntüler incelendiğinde yukarıda bahsi geçen durumun burada da söz konusu olduğu görülmektedir. Küresel, tel ve geometrik formda yapıların oluştuğu, küresel yapıların 200 nm ilâ 1 mikron arasında; tellerin 250 nm-1 mikron arasında, geometrik yapıların ise mikron boyutlarında olduğu tespit edilmektedir. Ayrıca Gümüş 11'den farklı olarak tel ve rod yapıların çok daha fazla meydana geldiği anlaşılmaktadır.

Şekil 6.5 Gümüş 11'e ait SEM görüntüsü

Şekil 6.6 Gümüş 11'e ait SEM görüntüsü

Ayrıca şunu da belirtmek gerekir ki Gümüş 11'de Gümüş 9'den farklı olarak küp yapısının oluştuğu görülmüştür. Bunun nedeni üzerine Gümüş 13'e ait sonuçlar kısmında bahsedilmiştir.

Şekil 6.7 Gümüş 11'e ait SEM görüntüsü

Gümüş 11'te de, Gümüş 9'da olduğu gibi, bazı bölgelerde topaklanmanın meydana geldiği ayrıca oluşan tel ve rodlarda bükülmeler olduğu tespit edilmektedir. Şekil 6.8' de gösterildiği üzere EDX sonucuna değinilecek olursa, oluşan morfolojinin gümüş olduğu anlaşılmaktadır.

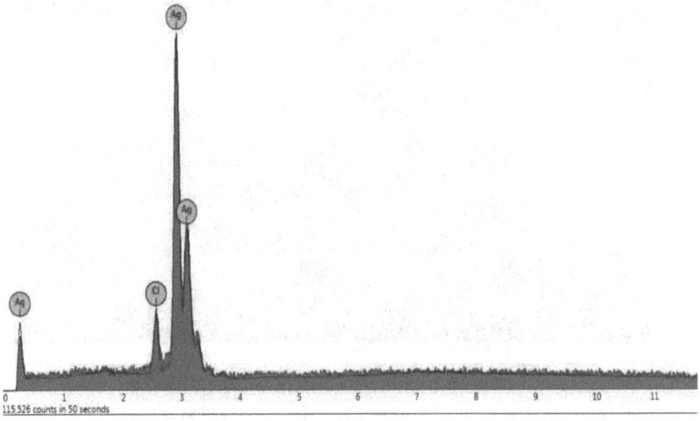

Şekil 6.8 Gümüş 11'e ait EDX sonucu

6.1.5. Gümüş 13'e Ait SEM ve EDX Sonucu

Gümüş 13 numunesine ait SEM görüntüleri Şekil 6.9, Şekil 6.10 ve Şekil 6.11'da; EDX sonuçları ise Şekil 6.12'de verilmektedir.

Gümüş 13'e ait SEM ve EDX sonuçları irdelenecek olursa; oluşan morfolojinin küresel, tel ve geometrik yapılar ihtivâ ettiği anlaşılmaktadır. Küresel formların 500 nm ilâ 1 mikron; tellerin 400 nanometre ilâ 1 mikron; geometrik yapıların ise 500 nm ilâ 1 mikron arasında değiştiği görülmektedir. Oluşan morfoloji homojen dağılım göstermektedir.

Şekil 6.9 Gümüş 13'e ait SEM görüntüsü

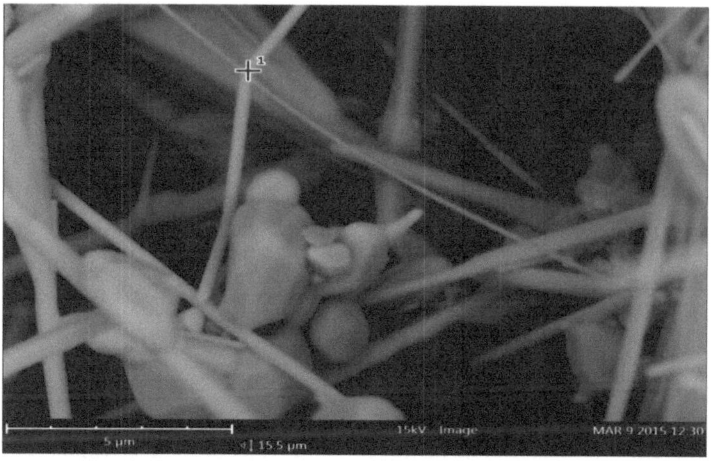

Şekil 6.10 Gümüş 13'e ait SEM görüntüsü

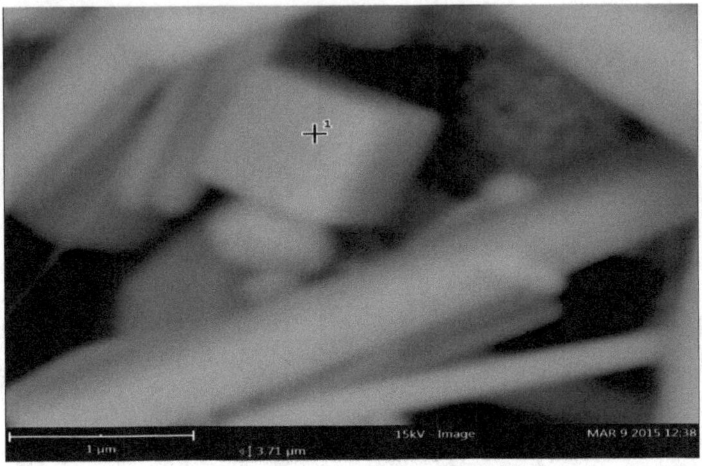

Şekil 6.11 Gümüş 13'e ait SEM görüntüsü

Gümüş 13 numunesine ait EDX sonuçları diğer numuneler ile benzerlik ihtiva etmektedir. Meydana gelen morfolojinin gümüş olduğu teyit edilmektedir.

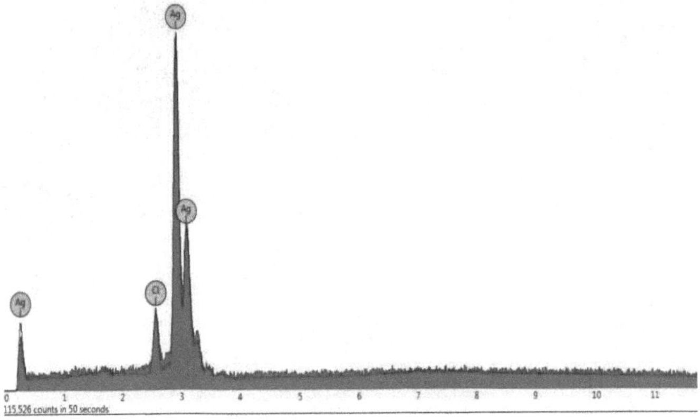

Şekil 6.12 Gümüş 13'e ait EDX sonucu

6.2. Ag/CS 1 ve Ag/CS 2 Tozuna Ait XRD, SEM ve EDX Sonuçları

Aşağıda Ag/CS 1 ve Ag/CS 2 tozuna ait XRD, SEM ve EDX sonuçları verilmiştir. Sonuçlar sırasıyla irdelenmiştir.

6.2.1. Ag/CS 1 Tozuna Ait Karakterizasyon Sonuçları

XRD sonucuna bakıldığında iki ana pikin yanında iki küçük pikin de oluştuğu tespit edilmiştir. Referans kart numarası esas alınarak (0 0 2) pikinin karbon elementine ait olduğu tespit edilmiştir. Diğer pikler de, yani (1 1 1), (2 2 0) ve (3 1 1) gümüş elementine aittir. Özellikle gümüşe ait piklerin yapısının ve şiddetinin, saf gümüş tozlarda gözlenen piklere göre değiştiği gözlenmiştir. Pik genişliklerinin artması, şiddetlerinin azalması ve düzensiz pik yapılarının oluşması, kitosanın yapıya girmesiyle gümüşün kristalinitesini azalttığı ve amorf bir yapıya doğru değişim göstermesine sebep olduğu söylenebilir. Buna göre elde edilen yapılar gümüş-kitosan hibrid yapılardır.

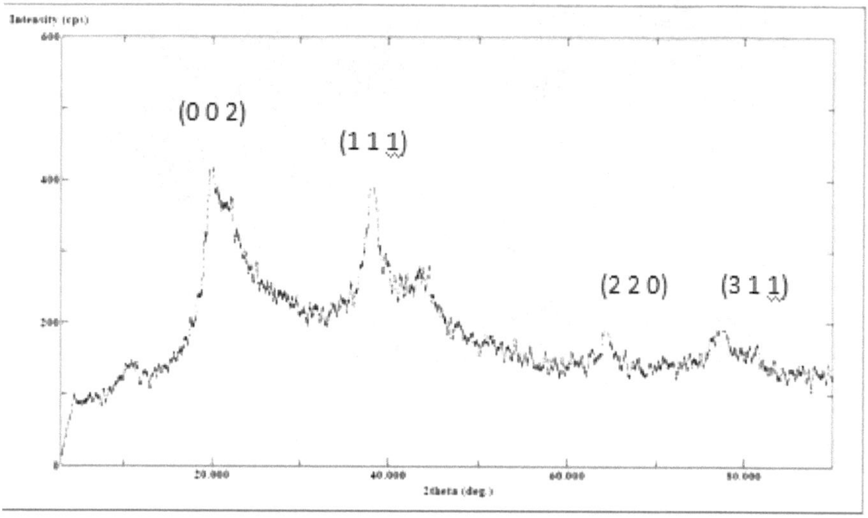

Şekil 6.13 Ag/CS 1 ve Ag/CS 2'e ait XRD sonucu

Şekil 6.14 Ag/CS 1'e ait SEM görüntüsü

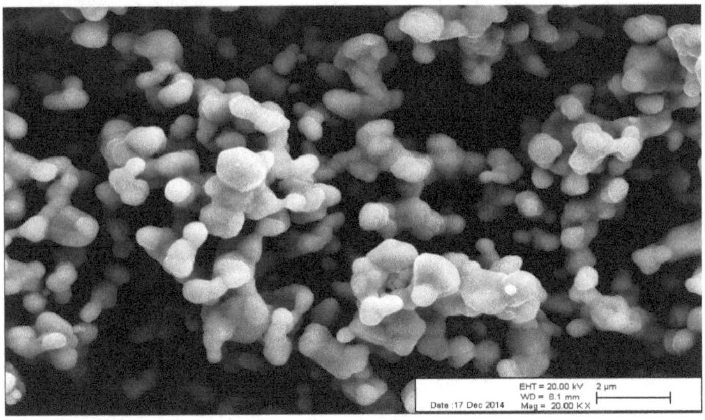

Şekil 6.15 Ag/CS 1'e ait SEM görüntüsü

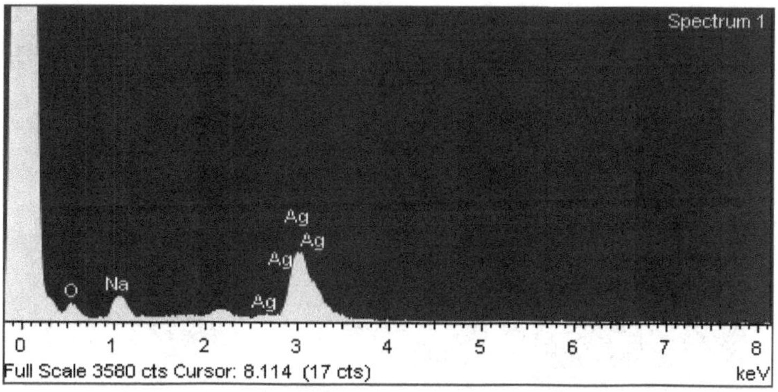

Şekil 6.16 Ag/CS 1'e ait EDX sonucu

Ag/CS 1'de homojen bir dağılım olmasına rağmen mevcut gümüş nano partiküllerin beklenenden daha büyük oluştuğu tespit edilmektedir.

6.2.2. Ag/CS 2 Tozuna Ait Karakterizasyon Sonuçları

Diğer numunenin yani Ag/CS 2'nin SEM görüntüleri Şekil 6.17 ve Şekil 6.18'da; EDX analiz sonuçları ise Şekil 6.19'da verilmiştir.

SEM görüntüleri incelenecek olursa partiküllerin boyutlarında düşüş meydana geldiği ve yaklaşık 50 nm civarında boyutlara sahip olduğu ancak aynı zamanda topaklanmaya bağlı olarak homojen bir dağılımın söz konusu olmadığı söylenebilir. EDX analizinde de homojen dağılmamaya bağlı olarak seçilen bölgenin çok fazla gümüş barındırmadığı sonucu çıkarılabilir.

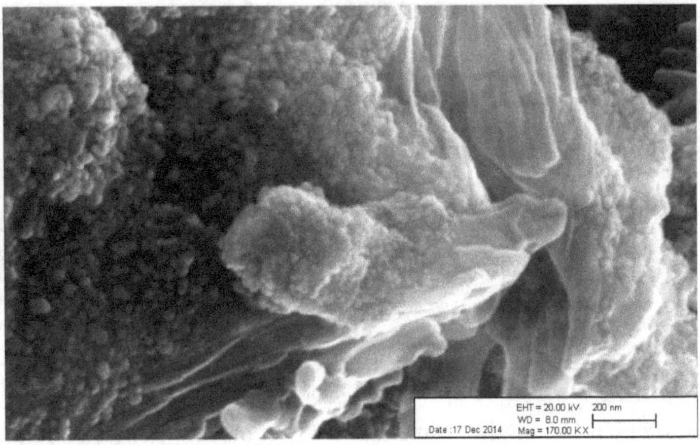

Şekil 6.17 Ag/CS 2'e ait SEM görüntüsü

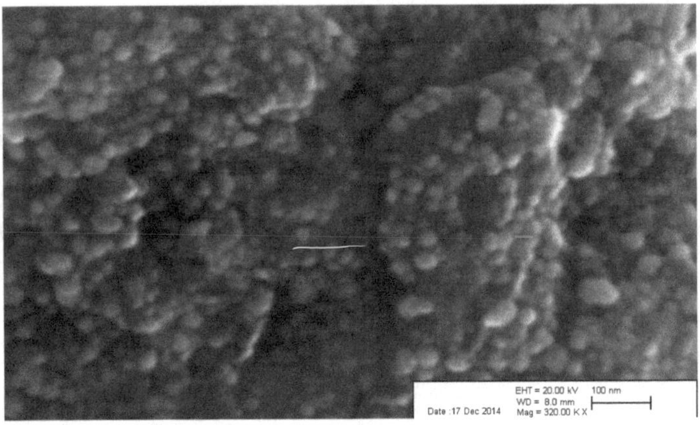

Şekil 6.18 Ag/CS 2'e ait SEM görüntüsü

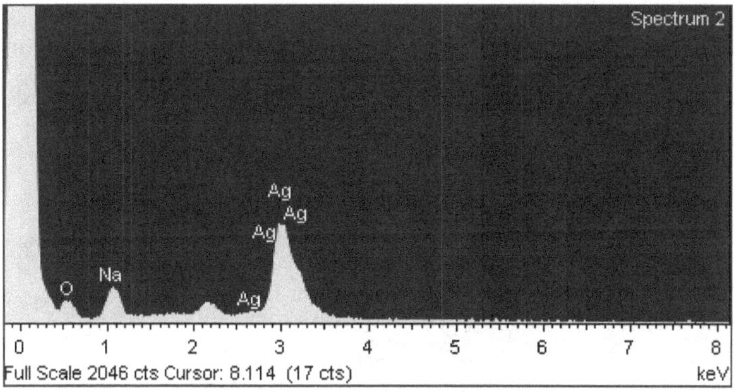

Şekil 6.19 Ag/CS 2'e ait EDX sonucu

6.3. Elektrospinning İşlemi Uygulanan Kâğıt Örneğin SEM Analizi

Şekil 6.20-23'te, elektrospinning yöntemi ile kaplanmış kâğıt numunelerin SEM görüntüleri verilmiştir. Analiz işlemi yapılan örnekte, ESP 3 numunesi kullanılmıştır. Bu numunenin oluşturulması için kullanılan gümüş/kitosan karışımının viskozitesi 3,5 cp ve elektrospinning için kullanılan elektro-voltaj değerleri 15-25 kV arasındadır.

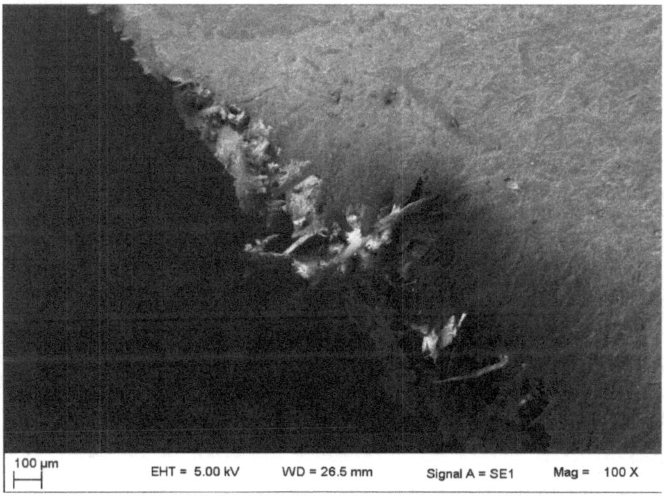

Şekil 6.20 Kaplanma işlemi uygulanan esere ait SEM görüntüsü

SEM mikroyapılarında kullanılan solüsyonun kâğıt yüzeyine küçük bir bölgede kaplanabildğini göstermiştir.

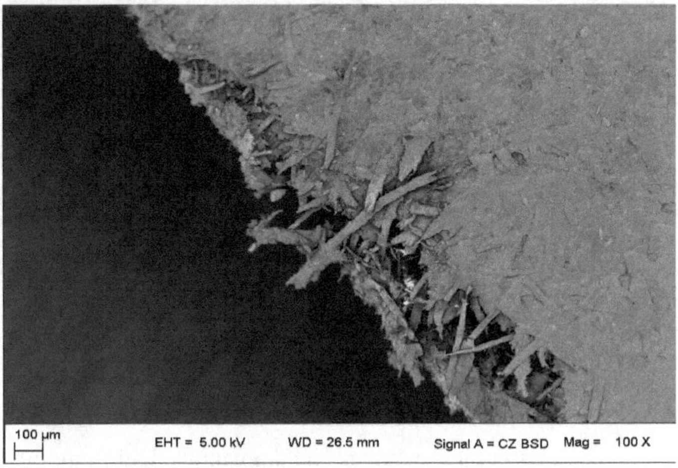

Şekil 6.21 Kaplanma işlemi uygulanan esere ait SEM görüntüsü

Elektron mikroskobunda 100 büyütmede görüntülenen bölgede solüsyon ile kaplama yapılamadığı gözlemlenmiştir. Mikroyapıda gözlenen lamelli yapılar kâğıdın selüloz fiberlerini göstermektedir.

Şekil 6.22 Kaplanma işlemi uygulanan esere ait SEM görüntüsü

Kâğıdın kesitinden alınan görüntüde de kâğıt yüzeyinde gümüş katkılı kitosan esaslı kaplamanın oluşturulamadığı gözlenmiştir (Şekil 6.22).

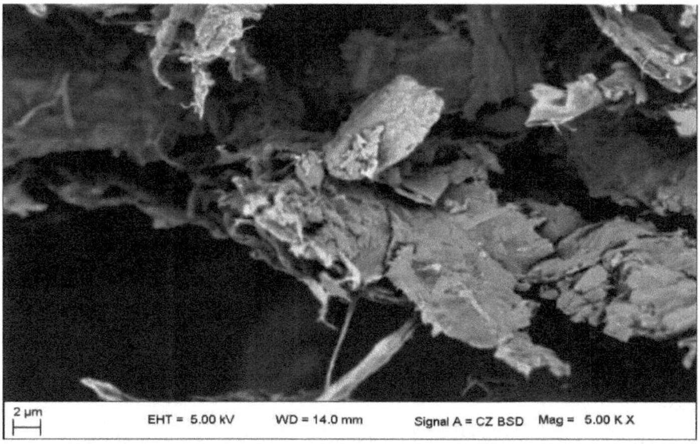

Şekil 6.23 Kaplanma işlemi uygulanan esere ait SEM görüntüsü

6.4. Kaplama Yapılan Eserin Bakteri ve Mantar Testi Sonucu

Alınan swablar sıvı besi yerinde 24 saat bekletildikten sonra PDA agar bulunan petrilere ekim yapılmıştır. Bir hafta boyunca oda sıcaklığında gelişmesi gözlenmiştir. Alınan neticelere ait görüntüler Şekil 6.24- Şekil 6.31'de verilmektedir.

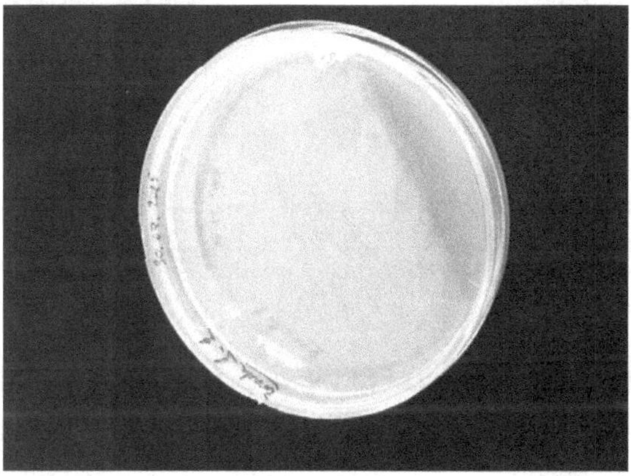

Şekil 6.24 Daldırma yöntemi ile kaplanan 1.1 numunesine ait petri ekim sonucu

Daldırma yöntemi ile yapılan kaplama sonucu bakteri testi uygulanan 1 nolu numunenin kaplanan yüzeyinde (1.1) herhangi bir organizma büyümesi gözlenmemiştir (Şekil 6.24).

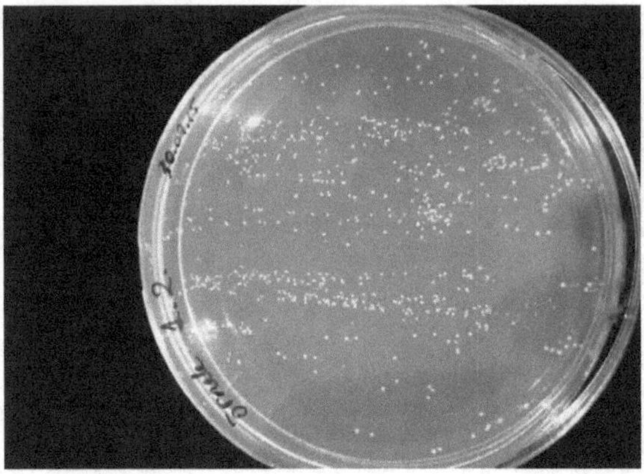

Şekil 6.25 Daldırma yöntemi ile kaplanan 1.2 numunesine ait petri ekim sonucu

Daldırma yöntemi ile yapılan kaplama sonucu bakteri testi uygulanan 1 nolu numunenin kaplamanın arka yüzeyinde (1.2) organizma büyümesi gözlenmiştir (Şekil 6.25).

Şekil 6.26 Püskürtme yöntemi ile kaplanan 2.1 numunesine ait petri ekim sonucu

Püskürtme yöntemi ile yapılan kaplama sonucu bakteri testi uygulanan 2 nolu numunenin kaplanan yüzeyinde (2.1) organizma büyümesi gözlenmemiştir (Şekil 6.26).

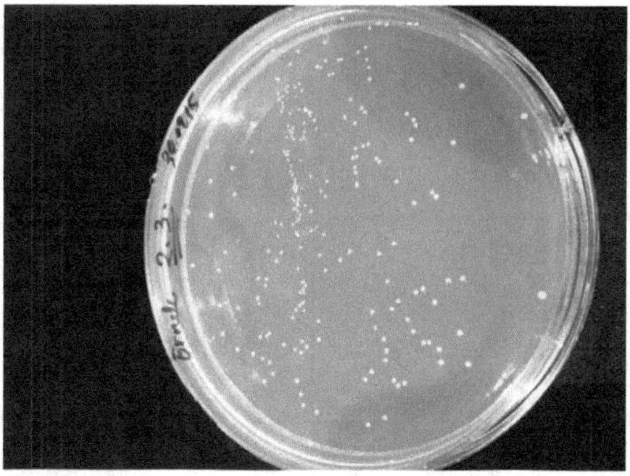

Şekil 6.27 Püskürtme yöntemi ile kaplanan 2.3 numunesine ait petri ekim sonucu

Püskürtme yöntemi ile yapılan kaplama sonucu bakteri testi uygulanan 2 nolu numunenin kaplamanın arka yüzeyinde (2.3) organizma büyümesi gözlenmiştir (Şekil 6.27).

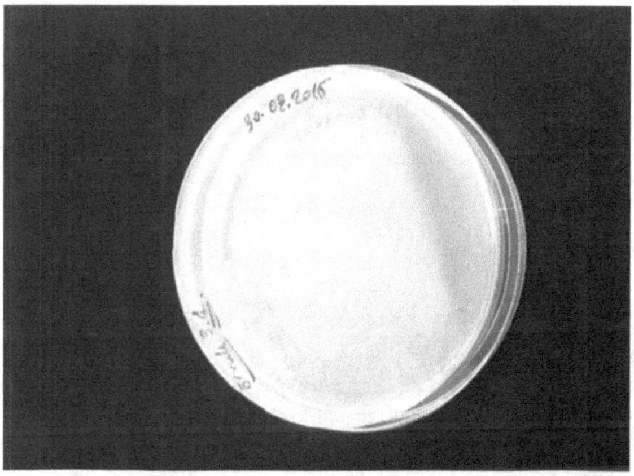

Şekil 6.28 Elektrospinning yöntemi ile kaplanan 3.1 numunesine ait petri ekim sonucu

Elektrospinning yöntemi ile yapılan kaplama sonucu bakteri testi uygulanan 3 nolu numunenin kaplanan yüzeyinde (3.1) organizma büyümesi gözlenmemiştir (Şekil 6.28).

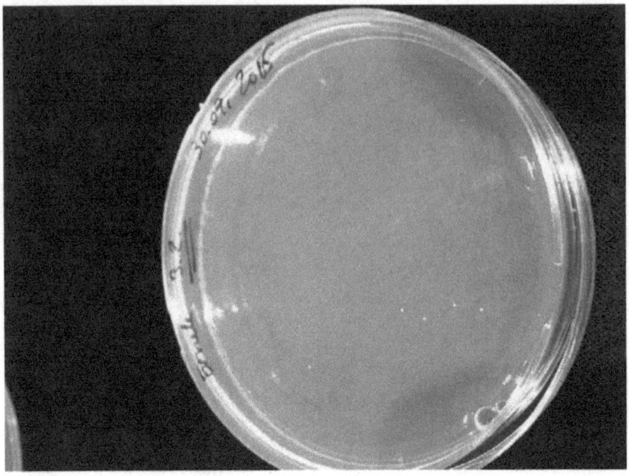

Şekil 6.29 Elektrospinning yöntemi ile kaplanan 3.2 numunesine ait petri ekim sonucu

Elektrospinning yöntemi ile yapılan kaplama sonucu bakteri testi uygulanan 3 nolu numunenin kaplanan alanın çevresinde (3.2) organizma büyümesi düşük oranda gözlemlenmiştir (Şekil 6.29).

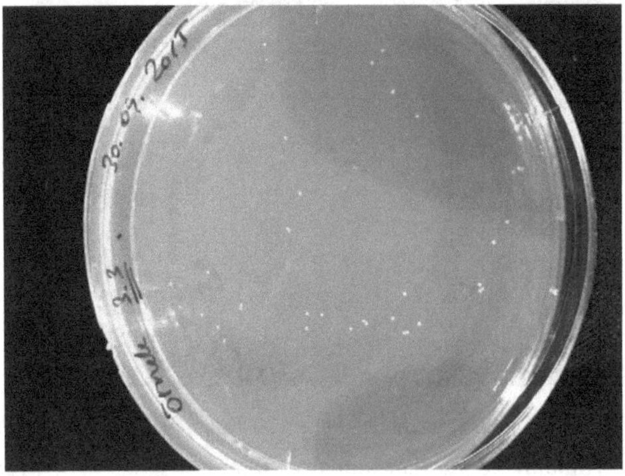

Şekil 6.30 Elektrospinning yöntemi ile kaplanan 3.3 numunesine ait petri ekim sonucu

Elektrospinning yöntemi ile yapılan kaplama sonucu bakteri testi uygulanan 3 nolu numunenin kaplama olmayan yüzeyi (3.3) organizma büyümesi düşük oranda gözlemlenmiştir (Şekil 6.30).

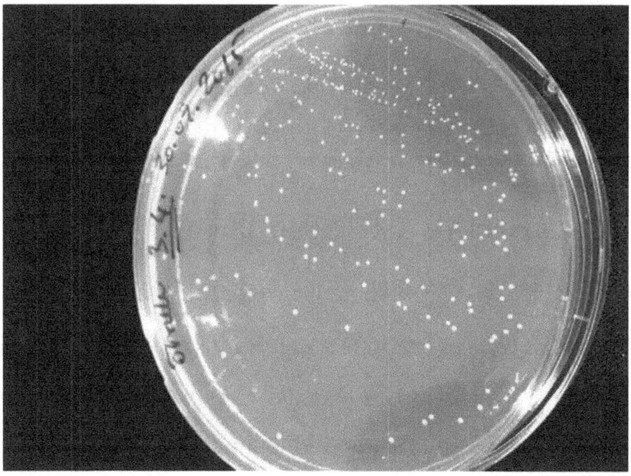

Şekil 6.31 Elektrospinning yöntemi ile kaplanan 3.4 numunesine ait petri ekim sonucu

Elektrospinning yöntemi ile yapılan kaplama sonucu bakteri testi uygulanan 3 nolu numunenin yırtıldığı alanda (3.4) organizma büyümesi gözlemlenmiştir (Şekil 6.31).

BÖLÜM 7

KARAKTERİZAYON SONUÇLARININ İRDELENMESİ

Bu bölümde yapılan karakterizasyon işlemleri değerlendirilmiştir.

7.1. Gümüş Tozlarına Ait XRD Sonucunun İrdelenmesi

Elde edilen XRD (JCPDS04-0783) sonucu incelenecek olursa oluşan pikler yapının tek kristalin olduğunu göstermektedir[60]. Kart numarası ve analizlerde elde edilen pikler Şekil 7.1 (a) ve (b)'de verilmektedir. Karşılaştırmalı verilen bu iki XRD sonucu oluşan yapının gümüş ve kristalin olduğunu doğrulamaktadır.

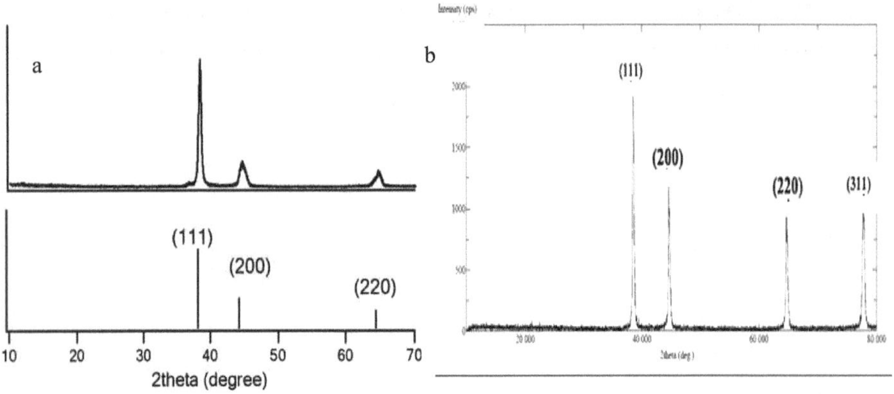

Şekil 7.1 (a) Gümüşe ait XRD kart sonucu; (b) Analizler ile elde edilen XRD sonucu

Ag atomlarının daha çok (1 1 1) düzleminde biriktiği, bunun nedeninden bahsederken de deneysel aşamada kullanılan polivinilprolidon (PVP) kimyasalının Ag kristalleri üzerindeki etkisine değinmek yerinde olacaktır.

60 Berry, M. T. , Doorn, J. M. , Jiang, C. , Lin, C. , Luu, Q. N. and May, P. S. , (2011), 'Preparation and Optical Properties Of Silver Nanowires and Silver Nanowires Thin Films', Journal Of Colloid and Interface Science, 356:151-158

PVP, Şekil 7.2' de gösterildiği üzere Ag kristallerinin sahip olduğu (1 0 0) düzlemini pasifleştirmekte, bunun yanında (1 1 1) düzleminin aktif kalmasını sağlayarak kristallerin pentagonal şekilde büyümesine sebebiyet vermektedir[62].

Elde edilen XRD sonucundaki (1 1 1) düzlemini belirten pik teoride açıklandığı şekilde PVP'nin etkisini doğrulamaktadır[63].

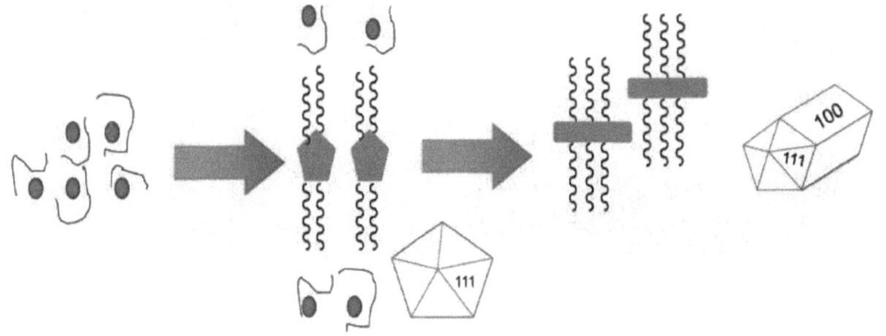

Şekil 7.2 PVP'nin pentagonal gümüş oluşumundaki etkisi

7.2. Gümüş 9'e Ait SEM ve EDX Sonucunun İrdelenmesi

Topaklanmanın sebebi işlem esnasında kullanılan stabilizatörün yani PVP'nin miktarının az olması ya da üretim süresine bağlı olarak difüzyon neticesinde oluşmasıdır. Teori kısmında bahsedildiği gibi difüzyon mekanizması ile birikme, termodinamik açıdan daha kararlı olan bölgede meydana gelmiştir. Ayrıca morfoloji içinde mevcut olan tel yapılarında bükülmeler dikkati çekmektedir. Bu olayın sebebi şu şekilde açıklanabilir: gümüş metali bilindiği üzere yüzey merkezli kübik kafes yapısına sahiptir. Dolayısıyla solvotermal reaksiyon ile oluşan gümüş nano telleri de aynı kafes yapısını ihtiva etmektedir. İşlem süresince tercih edilen PVP stabilizatörü kafes içine nüfuz edememekte; ayrıca (1 0 0) düzlemini de etkisiz hale getirmekte hattâ (1 1 1) düzlemi boyunca tellerin birbirine bağlanmasına neden olmaktadır.

62 Berry, M. T. , Doorn, J. M., Jiang, C. , Lin, C. , Luu, Q. N. and May, P. S. , (2011), 'Preparation and Optical Properties Of Silver Nanowires and Silver Nanowires Thin Films', Journal Of Colloid and Interface Science, 356:151-158

63 Wang, J. , Yang, P. and Zhang, Y. , (2013), ' Convenient Synthesis Of Ag Nanowires With Tunable Lenght and Morphology', Material Research Bulletin, 48:461-468

(1 1 1) düzleminde meydana gelen bu birleşmeler sıcaklık etkisiyle atomların difüzyonuna, dolayısıyla bükülmelere neden olmaktadır (Şekil 7.3).

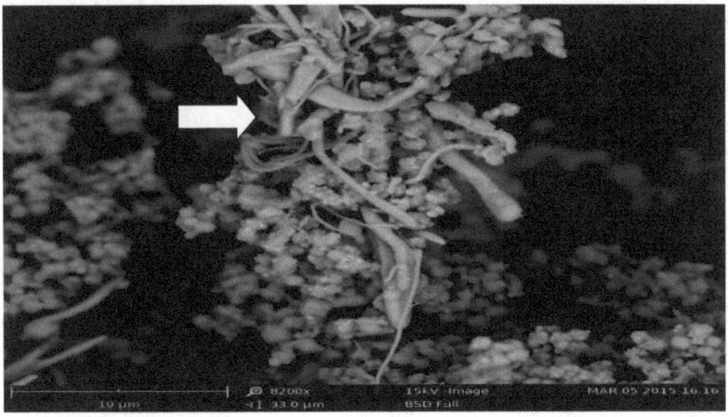

Şekil 7.3 PVP'ye bağlı olarak meydana gelen bükülme

Şekil 7.4'te gösterildiği üzere morfolojinin bazı kısımlarının ikosahedron ve tetrahedra yapısında kalmasının nedeni üretim aşamasında kullanılan NaCl'nin ihtiva ettiği Cl^{-} iyonlarıdır. Büyüme mekanizmasında bahsedildiği üzere klor iyonları oksijen atmosferinde işlem gerçekleştirildiğinde oksidatif aşındırıcı etkisi göstermekte buna bağlı olarak geometrik formda yapılar oluşmaktadır.

Şekil 7.4 İkosahedron yapıya ait SEM görüntüsü

Sistemde sürfaktant olduğundan dolayı ikosahedron büyümeye devam edememiş dolayısıyla biçimini korumuştur.

EDX sonucunda da Oksijen elementinin ortaya çıkmasının nedeni solvotermal işlemde etilen glikol kullanılmasıdır.

7.3. Gümüş 11'e Ait SEM ve EDX Sonucunun İrdelenmesi

Gümüş 11 numunesinde Gümüş 9'den farklı olarak tel ve rod yapıların çok daha fazla meydana geldiği anlaşılmaktadır. Bunun nedeni şu şekilde açıklanabilir: Gümüş 9 üretimi için tercih edilen PVP miktarı daha fazla olmasına rağmen difüzyon mekanizmasına da bağlı olan tel oluşumu için gerekli süre çok daha kısadır. Bu sebeple atomların hareketi için yeterli süre söz konusu değildir. Ancak Gümüş 11'te solvotermal işlemde tutulan süre 23 saattir ve bu da atomların difüzyonu için gerekli süreyi karşılamaktadır. Bunun dışında bir faktör daha etkili olmuştur. Nanoteknolojide tel, rod, tüp gibi iki boyutlu nano yapılar termodinamik açıdan karşılaştırıldığında küresel formlara kıyasla daha kararsız yapılardır. Bu faktör üretim aşamasında karşımıza çıkmakta, işlemin süresini ve sıcaklığını belirlemekte kullanılmaktadır. Eğer işlem süresi veya sıcaklığı optimum düzeyde değil ise oluşan tek veya iki boyutlu nano yapılar küresel forma dönebilmektedir. Gümüş 9'de meydana gelmiş küresel yapıların bir nedeni de budur.

Gümüş 11'te de, Gümüş 9'de olduğu gibi, bazı bölgelerde topaklanmanın meydana geldiği ayrıca oluşan tel ve rodlarda bükülmeler olduğu tespit edilmektedir. Söz konusu durumların nedeni aynıdır ve bahsi geçen konuya yukarıda değinilmiştir. EDX sonucunda beliren oksijen elementi ise etilen glikol kullanılmasının sonucudur.

7.4. Gümüş 13'e Ait SEM ve EDX Sonucunun İrdelenmesi

Geometrik biçim olarak, tespit edilebildiği kadarı ile sadece kübik form mevcuttur. Bu neticeye varılmasında muhtemel bir etken söz konusudur o da klor iyonlarının geometrik form oluşumda etkili olmasıdır. Daha önce belirtildiği gibi Gümüş 11 sentezi sonucunda çeşitli formlar meydana gelmiştir. Ancak Gümüş 13'te sadece kübik şekilde geometrik yapı oluştuğu tespit edilmiştir. İki analiz sonucu arasındaki fark sentez aşamasında kullanılan gümüş nitrat miktarıdır. Şu sonuç çıkarılabilir: eğer gümüş nitrat miktarı optimum düzeyde seçilirse ve çözelti içinde yeterli miktarda klor iyonu mevcutsa geometrik yapı kübik olarak meydana gelmektedir (Şekil 7.5).

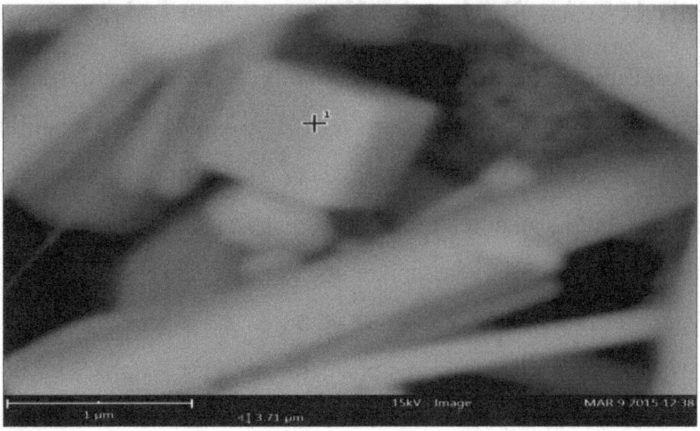

Şekil 7.5 Klor iyonunun etkisine bağlı olarak oluşan geometrik form

Diğer numunelerde olduğu gibi oksijen elementine ait pikin oluşması işlem sırasında etilen glikol kullanılmasıdır.

7.5. Ag/CS 1 Tozuna Ait Karakterizasyon Sonuçlarının İrdelenmesi

XRD sonucu ayrıca oluşan morfolojinin amorf yapıda olduğunu göstermektedir. Ana matriksin kitosan olması sebebiyle böyle bir sonuç elde edilmiştir.

SEM görüntüleri ile EDX sonuçları incelenecek olursa; ana matriks elemanı kitosandır ve gümüş nanopartikülleri homojen şekilde kitosan içerisinde dağılmışlardır. Nanopartiküllerin boyutları yaklaşık 200 ilâ 300 nanometre arasında değişmekle beraber kısmen çok daha küçük boyutlara sahip partiküllerin oluştuğu görülmektedir. EDX analizi de gümüşe ait büyük bir pik vermiştir. Ayrıca sodyum (Na) ve oksijen (O) elementlerinin çıkması sentez esnasında kullanılan sodyum hidroksit (NaOH) nedeniyledir.

7.6. Ag/CS 2 Tozuna Ait Karakterizasyon Sonuçlarının İrdelenmesi

Ag/CS 1 numunesine benzer olarak XRD sonucu oluşan morfolojinin amorf yapıda olduğunu göstermektedir. Ana matriksin kitosan olması sebebiyle böyle bir sonuç elde edilmiştir.

SEM görüntüleri incelenecek olursa partiküllerin boyutlarında düşüş meydana geldiği ve yaklaşık 50 nm civarında boyutlara sahip olduğu ancak aynı zamanda topaklanmaya bağlı olarak homojen bir dağılımın söz konusu olmadığı söylenebilir. Kitosanın gümüşe bağlanması daha önce verilmiştir. Bu şekil baz alınarak şu yorum da yapılabilmektedir: sentez esnasında tercih edilen gümüş nitrat miktarı Ag/CS 1'e kıyasla daha fazla olduğundan büyüme aşamasında daha fazla gümüş çekirdekleri oluşmakta, difüzyon mekanizması ile kolayca birbirlerine tutunmaktadırlar. Dolayısıyla kitosan ile bağlanmaları sonucunda da daha büyük topaklar meydana gelmektedir. EDX analizinde de homojen dağılmamaya bağlı olarak seçilen bölgenin çok fazla gümüş barındırmadığı sonucu çıkarılabilir.

7.7. Elektrospinning İşlemine Tabi Tutulan Kâğıda Ait SEM Sonucunun İrdelenmesi

SEM sonucu irdelencek olursa elektrospinning işleminin başarılamadığı; dolayısıyla kaplamanın yapılamadığı tespit edilmektedir. Bunun nedenl elektrospinning işleminde mevcut olan parametrelerin optimizasyonunun zorluğu olarak tespit edilebilir. Bu parametreler başta viskozite olmak üzere, nem, ortam sıcaklığı gibi faktörlerdir.

7.8. Farklı Kaplama Yöntemleri İle İşlenmiş Kâğıt Örneklere Ait Bakteri ve Mantar Testi Sonuçlarının İrdelenmesi

Gümüş takviyeli kitosan solüsyonları kullanılarak daldırma, püskürtme ve elektrospinning yöntemleri ile kaplanmış kâğıt numuneler üzerinde bakteri ve mantarların büyüme ve çoğalma eğilimleri Süleymaniye Yazma Eserler

Kütüphanesi'nde gerçekleştirilmiştir. Bakteri ve mantar kolonilerinin çoğalma testleri sonuçları Çizelge 7.1'de verilmiştir. Buna göre daldırma kaplama (1.1); püskürtme kaplama (2.1) ve elektrospinning kaplama (3.1) tabakalarında herhangi bir mikroorganizma büyümesine rastlanmamıştır. Diğer petrilerde ise değişen yoğunluklarda küçük koloniler gözlemlenmiştir. Sonuçlar kaplamanın fiziksel olarak bulunduğu ortamlarda mikroorganizmaların büyümediğini, kaplamanın olmadığı veya yetersiz olduğu bölgelerde ise mikroorganizmaların farklı oranlarda büyüdüğünü göstermektedir.

Çizelge 7.1. Çeşitli Kaplama Yöntemleri İle Kaplanan Kâğıt Numunelere Ait Bakteri ve Mantar Test Sonuçları

Numune Kodu	Kaplama Çeşidi	Numunenin Kaplamadan Alınma Yeri	Bakteri-Mantar Büyüme Testi Sonuçları
1.1	Daldırma İle Kaplanmış	Kaplama Üstü	Organizma Büyümesi Görülmemiştir
1.2	Daldırma İle Kaplanmış	Kaplamanın Arka Yüzeyi	Organizma Büyümesi Görülmüştür
2.1	Püskürtme İle Kaplanmış	Kaplama Üstü	Organizma Büyümesi Görülmemiştir
2.2	------------------------	Kaplamasız	Organizma Büyümesi Görülmüştür
2.3	Püskürtme İle Kaplanmış	Kaplamanın Arka Yüzeyi	Organizma Büyümesi Görülmüştür
3.1	Elektrospinning İle Kaplanmış	Kaplama Üstü	Organizma Büyümesi Görülmemiştir
3.2	Elektrospinning İle Kaplanmış	Kaplamanın Çevresinde Kalan Alan	Organizma Büyümesi Az Miktarda Görülmüştür
3.3	---------------------	Kaplamanın Olmadığı Alan	Organizma Büyümesi Az Miktarda Görülmüştür
3.4	Elektrospinning İle Kaplanmış	Kaplamanın Kaldırıldığı Alan	Organizma Büyümesi Görülmüştür

BÖLÜM 8

SONUÇ

Özet olarak tekrar ifade edilirse gümüş nano tozlar istenilen morfolojide, tel formunda, kısmen üretilmiştir. Morfolojide ayrıca geometrik, küresel yapılar mevcuttur. Ayrıca oluşan tel yapıları ortalama 300-500 nanometre arasında değişmekle beraber geometrik ve küresel forma sahip gümüş nano yapıalrı mikron boyutlarına kadar çıkabilmektedir. Gümüş/kitosan kompoziti üretiminde ise gümüş nano partikülleri küresel olmakla beraber 100 nanometre altında üretilebilmiştir. Kitosan polimeri içerisine büyük oranda homojen dağıtılabilmiştir. Gümüş nano yapıların sadece tel formunda üretimi gerçekleştirilemediğinden gelecekte yapılacak çalışmalarda buna ağırlık verilmelidir. Sentezin optimum seviyeleri araştırılmalı ve 100 nanometrenin altında ve tel formunda nano gümüş üretimi üzerine araştırmalar yapılmalıdır. Ayrıca örnek esere daldırma, püskürtme yöntemleri başarıyla uygulanmasına rağmen elektrospinning işlemi istenilen düzeyde yapılamamıştır. Buradaki nedenler işlemin sahip olduğu pek çok parametredir. Bu nedenle elektrospinning işlemi için gerekli parametreler daha ayrıntılı araştırmaya ihtiyaç duymaktadır.

FSC
www.fsc.org
MIX
Papier | Fördert
gute Waldnutzung
FSC® C083411

Kolibri 360 GmbH
Ferdinand-Jühlke-Straße 7
99095 Erfurt, Deutschland
produktsicherheit@kolibri360.de

Druck:
CPI Druckdienstleistungen GmbH
im Auftrag der
Kolibri 360 GmbH
Ferdinand-Jühlke-Str. 7
99095 Erfurt